"十三五"国家重点出版物出版规划项目

航空器飞行理论与实践丛书

航空气象与飞行安全

Aviation Meteorology and Flight Safety

李红金 蔡军 主编

国防工业出版社

·北京·

内 容 简 介

本书面向直升机飞行训练需要，全面、系统论述了航空气象学的基础理论，重点介绍了飞行基本大气环境、飞行基本气象条件和主要天气现象的发生、发展与演变规律，分析了天气活动对飞行安全的影响，归纳总结了如何在飞行活动中避免这些危害。这些内容对于飞行员顺利完成飞行任务，保障飞行安全具有重要作用。

本书主要面向直升机飞行员，可作为高等院校相关专业教师和学生的指导用书，也可供气象人员、飞行保障人员阅读、参考。

图书在版编目（CIP）数据

航空气象与飞行安全 / 李红金，蔡军主编. —北京：
国防工业出版社，2024.3 重印
（航空器飞行理论与实践丛书）
ISBN 978-7-118-12461-3

Ⅰ. ①航…　Ⅱ. ①李…　②蔡…　Ⅲ. ①航空学－气象
学－关系－飞行安全　Ⅳ. ①V321.2②V328

中国版本图书馆 CIP 数据核字（2022）第 134402 号

※

*国防工业出版社*出版发行
（北京市海淀区紫竹院南路 23 号　邮政编码 100048）
北京虎彩文化传播有限公司印刷
新华书店经售

*

开本 710×1000　1/16　印张 9　字数 162 千字
2024 年 3 月第 1 版第 2 次印刷　印数 1501—2500 册　定价 78.00 元

（本书如有印装错误，我社负责调换）

国防书店：（010）88540777　　书店传真：（010）88540776
发行业务：（010）88540717　　发行传真：（010）88540762

《航空气象与飞行安全》
编写人员名单

主　编：李红金　蔡　军

副主编：许丽人　赵　琰

参　编：赵　程　毕　嘉　李　鹏　王耀虎

气象条件与飞机的起飞、航行、降落以及其他各种飞行活动息息相关,也是航空器设计需要考虑的重要因素。航空气象属于应用气象的范畴,其主要任务是保障飞行安全、提高飞行效率,以及在复杂气象条件下合理、有效地运用航空技术。

直升机作为全程在中低空大气飞行的航空器,会不可避免地受到大气环境的影响,尤其是雷暴、积冰、低空风切变等危险天气现象,严重影响了直升机的飞行安全。因此,航空气象是直升机飞行员、指挥员和气象保障人员必须熟知的,这对于飞行员规避各种临近的危险天气、指挥员安排复杂气象条件下的飞行训练任务、气象保障人员制作本站和航线气象预报等都具有重要的指导作用和实践意义。

气象学发展和航空应用需求牵引是推进航空气象学发展的主要动力。为突出与直升机飞行安全直接关联的气象因素,本书对于重点内容的遴选,专门组织相关人员赴一线飞行单位进行专题研讨,对与直升机飞行安全紧密关联的内容专门向经验丰富的特级飞行员进行咨询,相关云图图片是直升机飞行员飞行航拍的。在本书的编写过程中,参阅了国内外有关气象学、航空气象学、飞行员手册、国内主要场站气象预报保障手册等文献资料,并对一些重要概念及名词进行了反复考证。

由于编者水平有限,本书难免存在偏颇和不当之处,请读者批评指正。

编者

2021 年 12 月

目录 ✈

第1章 飞行基本大气环境 ·· 1

1.1 大气环境概述 ·· 1
1.1.1 大气的物理属性 ·· 1
1.1.2 基本气象要素 ·· 5
1.2 大气的运动 ·· 13
1.2.1 大气环流 ·· 13
1.2.2 大气的水平运动 ·· 14
1.2.3 局地空气运动 ·· 18
1.2.4 摩擦层中的空气运动 ······································ 20

第2章 基本气象条件的判定及其对飞行安全的影响 ················ 23

2.1 锋面天气及其对飞行安全的影响 ································ 23
2.1.1 气团变性及天气 ·· 23
2.1.2 锋面天气的判定及其对飞行安全的影响 ················· 25
2.2 气压系统天气及其对飞行安全的影响 ························· 31
2.2.1 低气压系统 ·· 31
2.2.2 高气压系统 ·· 35
2.2.3 槽线和切变线对飞行安全的影响 ························ 38

第3章 主要天气现象的识别及其对飞行安全的影响 ··············· 41

3.1 云的识别 ·· 41
3.1.1 积状云 ·· 41

3.1.2　层状云 ……………………………………………………… 43

    3.1.3　波状云 ……………………………………………………… 44

    3.1.4　特殊状云 …………………………………………………… 46

    3.1.5　观云测天 …………………………………………………… 48

  3.2　低云对飞行安全的影响 ………………………………………… 49

    3.2.1　淡积云 ……………………………………………………… 49

    3.2.2　浓积云 ……………………………………………………… 50

    3.2.3　积雨云 ……………………………………………………… 51

    3.2.4　碎积云 ……………………………………………………… 51

    3.2.5　层积云 ……………………………………………………… 52

    3.2.6　层云 ………………………………………………………… 53

    3.2.7　碎层云 ……………………………………………………… 54

    3.2.8　雨层云 ……………………………………………………… 54

    3.2.9　碎雨云 ……………………………………………………… 55

  3.3　降水的识别及其对飞行安全的影响 …………………………… 56

    3.3.1　降水的识别 ………………………………………………… 56

    3.3.2　降水对飞行安全的影响 …………………………………… 59

  3.4　低能见度现象的识别及其对飞行安全的影响 ………………… 60

    3.4.1　能见度的影响因素 ………………………………………… 60

    3.4.2　能见度的观测 ……………………………………………… 62

    3.4.3　低能见度现象对飞行安全的影响 ………………………… 65

第4章　重要危险天气的预判及其对飞行安全的影响 ………… 71

  4.1　雷暴 ……………………………………………………………… 71

    4.1.1　雷暴的形成机理 …………………………………………… 71

    4.1.2　普通雷暴的形成和发展 …………………………………… 72

    4.1.3　强雷暴的结构和天气 ……………………………………… 76

    4.1.4　雷暴对飞行安全的影响 …………………………………… 81

    4.1.5　飞行中对雷暴的预判及处置 ……………………………… 84

  4.2　低空风切变 ……………………………………………………… 87

    4.2.1　低空风切变强度标准 ……………………………………… 88

    4.2.2　低空风切变的表现形式 …………………………………… 89

    4.2.3　低空风切变形成条件 ……………………………………… 90

　　　4.2.4　低空风切变对飞行安全的影响 ·········· 93

　4.3　积冰 ······················· 98

　　　4.3.1　积冰的形成机制 ·············· 98

　　　4.3.2　积冰强度 ················· 101

　　　4.3.3　积冰的形成条件 ·············· 102

　　　4.3.4　积冰对飞行安全的影响及处置措施 ····· 104

　4.4　颠簸 ······················· 106

　　　4.4.1　大气乱流 ················· 106

　　　4.4.2　颠簸强度 ················· 108

　　　4.4.3　颠簸层的特征 ··············· 109

　　　4.4.4　颠簸形成条件 ··············· 110

　　　4.4.5　颠簸对飞行安全的影响及处置措施 ····· 111

第5章　飞行安全气象保障 ············· 113

　5.1　雷达在飞行气象保障中的应用 ·········· 113

　　　5.1.1　气象雷达在降水探测中的应用 ········ 113

　　　5.1.2　激光雷达在危险气流场探测中的应用 ····· 120

　5.2　卫星云图在气象保障中的应用 ·········· 123

　　　5.2.1　卫星云图概述 ··············· 123

　　　5.2.2　卫星云图的应用 ·············· 126

　5.3　数值建模在飞行环境影响研究中的应用 ······ 127

　　　5.3.1　大气环境概念参考模型 ··········· 128

　　　5.3.2　低空飞行大气环境数据模型设计 ······ 130

　　　5.3.3　低空飞行环境影响数值建模 ········· 131

参考文献 ···························· 133

第1章 飞行基本大气环境

直升机在大气中飞行,大气物理属性、运动状态和变化规律直接影响飞行安全。大气是指包围地球的一层深厚的空气。大气运动会呈现不同的状态,从而形成各种各样的天气,影响着飞行器的活动。

1.1 大气环境概述

1.1.1 大气的物理属性

大气的物理属性包括大气组成和分层,从物理状态方面主要包括气温、气压、湿度、密度等。大气物理属性的变化和分布影响着直升机的飞行状态和仪表指示,极端气温甚至会危及飞行安全。

1.1.1.1 大气的组成

大气由多种气体混合组成,主要成分为干洁空气、水汽和气溶胶粒子,此外还包含一些悬浮着的固体及液体杂质。

1) 干洁空气

大气中除了水汽和液体、固体杂质气以外的整个混合气体,称为干洁空气。干洁空气的主要成分是氮气、氧气、二氧化碳、臭氧等。按容积分,从图 1.1 中可以看到,氮气和氧气占干洁空气的大部分容积,其体积分别占整个干洁空气的 78% 和 21%,余下的 1% 由其他几种气体构成,其中二氧化碳约占 0.03%,其他微量气体如臭氧、氦气、氩气、氖气、氢气等总共占不到 0.1%。

在干洁空气的多种成分中,二氧化碳和臭氧所占比例虽然很小,但对大气温度分布有较大影响。

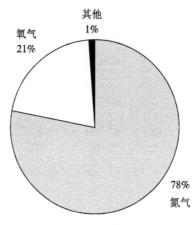

图 1.1　大气的组成

（1）臭氧。

来源：大气中臭氧的含量很少，它是由氧分子在波长为 $0.1 \sim 0.24\mu m$ 的太阳紫外线辐射下离解为氧原子，再和另外的氧分子结合而成的气体。

分布：臭氧分布不均匀，随着高度改变，近地面层臭氧含量最少，主要集中在距海平面 $10 \sim 50 km$ 的垂直范围内，最大浓度出现在 $20 \sim 30 km$ 之间，在 $55 \sim 60 km$ 高度上量极少。

作用：臭氧层大量吸收太阳紫外线，使臭氧层增暖；同时，也使地球生物免受了过多紫外线的伤害，而透过来的少量紫外线起到杀菌治病作用。

（2）二氧化碳。

来源：二氧化碳主要来源于有机物的燃烧或腐烂、动植物的呼吸和工业生产排放的废气。

分布：低处的二氧化碳含量比高处的多，多集中在 $20 km$ 以下；城市的二氧化碳含量比郊区农村的多；陆地的二氧化碳含量比海洋的多；阴天的二氧化碳含量比晴天的多；夜间的二氧化碳含量比白天的多、冬季的二氧化碳含量比夏季的多。

作用：与大气中其他成分一样，对太阳辐射吸收很少，但却能强烈地吸收地面长波辐射，同时又向周围空气和地面放射长波辐射，对地球起到保温作用。

2）水汽

大气中的水汽是由海面、湖面和潮湿物体表面的水分蒸发进入大气而形成。大气中的水汽含量随着高度的增高而减少，经观测证明，一般在距地面 $1.5 km$ 高度附近的水汽含量是地面处的一半，在 $5 km$ 以上水汽含量只有地面的 $1/10$，再往上水汽含量更少。水汽随大气运动，并发生状态变化，即气态、液态和固态之间的相变,因而成云致雨,产生天气变化,如图 1.2 所示。水汽相态改变过程中释放或吸收热量,从而影响着大气温度。

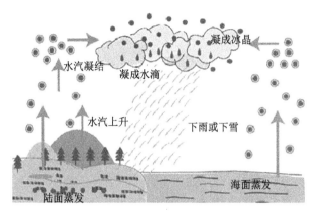

图 1.2　水循环示意图

作用:水汽在气候变化中扮演重要角色,是成云致雨的物质基础;能强烈吸收地面放射的长波辐射并向地面和周围大气放出长波辐射,通过状态变化传输热量,影响空气温度;释放潜热是剧烈天气的能源。

3) 气溶胶粒子

气溶胶粒子是指悬浮于大气中的固体或液体粒子,主要集中在大气低层。

来源:物质燃烧成的灰粉、海水飞沫蒸发后的盐粒、风扬起的灰尘、火山喷发的烟尘、流星燃烧后的余烬、花粉、细菌以及水汽的凝结物等。

作用:吸收太阳辐射,使空气温度升高,但也削弱了到达地面的太阳辐射;缓冲地面辐射冷却,部分补偿地面因长波有效辐射而失去的热量;降低大气透明度,影响大气能见度;充当水汽凝结核,对云、雾及降水的形成有重要意义。

1.1.1.2　大气的垂直分层

地球大气范围较大,气层无明显界限,根据大气物理特性,按气温垂直分布和大气的垂直运动等情况,可把大气层分为对流层、平流层、中间层、热层和散逸层等 5 个层次,如图 1.3 所示。

依据大气温度随高度的分布将大气垂直分层,如图 1.4 所示。用气温垂直递减率 γ 表示气温随高度的变化程度,$\gamma=-\Delta T/\Delta Z$,即每上升单位高度时的气温减少量,$\gamma>0$ 表示气温随高度升高而降低,$\gamma<0$ 表示气温随高度升高而升高,$\gamma=0$ 表示气温随高度升高不变,如图 1.5 所示。气温随高度的变化可以反映气层的稳定性,当 $\gamma>0$,层结为不稳定层结;当 $\gamma<0$,层结为稳定层结。通常情况下,γ 取高度每升高 100m 时的气温降低值来表示,如高度升高 100m,气温降低了

0.65℃，即 $\gamma = 0.65℃/100m$。

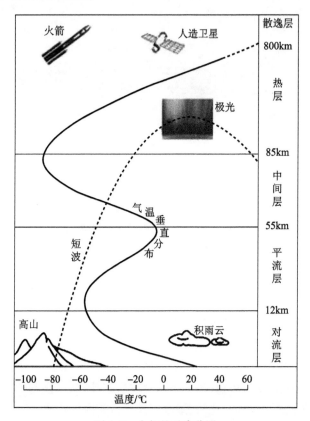

图 1.3　大气的垂直分层

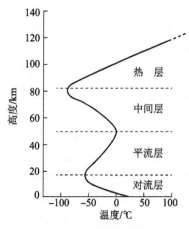

图 1.4　气温的垂直分层

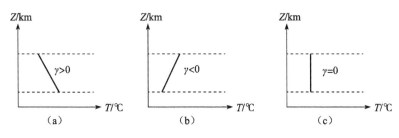

图 1.5　气温垂直递减率

基于飞行考虑,我们主要关注平流层和对流层。

在平流层,25km 以下,气温保持不变;25km 以上,由于臭氧层的增温效应,气温随高度增加而显著升高。空气运动以水平运动为主,无明显的垂直运动。水汽和尘埃含量极少,晴朗少云,大气透明度好,气流比较平稳,适宜于固定翼航行。

直升机由于飞行高度的限制,主要在对流层飞行。对流层气温随高度增加显著降低,大气层不稳定,空气对流活动和乱流活动旺盛,使近地面的热量、水汽、杂质等向上输送、交换,对于成云降雨起重要作用,因此天气现象均发生在这一层。而且对流层下层常聚集着大量烟粒和水汽等,使大气透明度变坏,影响能见度。

对流层的主要特点:主要天气现象均发生在此层;温度随高度升高而降低(平均高度每升高 100m,气温下降 0.65℃);空气具有强烈的垂直运动和不规则的乱流运动;气象要素的水平分布不均匀;对流层顶高是变化的,平均为 10～12km。

1.1.2　基本气象要素

表示大气状态的物理量和物理现象,称为气象要素,主要包括气温、气压、湿度、风等物理量和云、降水等天气现象。飞机的飞行技术性能在很大程度上取决于气象要素。本节主要讨论 3 种最基本的气象要素——气压、气温和空气湿度,它们也被称为三大气象要素。

1.1.2.1　气压

气压(大气压强)是指静止大气从观测高度到大气上界单位截面上的垂直空气柱的重量。随着高度升高,其上部大气柱越来越短,且气柱中空气密度越来越小,气柱重量也就越来越小,气压降低。

由大气静力学方程 $\mathrm{d}P = -\rho g \mathrm{d}z$ 也可得出,气压总是随高度升高而降低,而且高度越高,气压降低得越慢,如图 1.6 所示。

气压的常用单位有百帕(hPa)和毫米汞柱(mmHg),它们之间的换算关系为 $1hPa = 100N/m^2 = 0.75mmHg$。

1) 气压测量

最早测量大气压强的实验,是采用一端封闭并抽成真空再灌上水银的玻璃管,将其开口端垂直地插入水银槽内,利用管中水银柱的高度来显示大气压力。气压升高使管中的水银柱上升;而气压下降时,水银从管子里流出来,水银柱的高度降低,如图1.7所示。

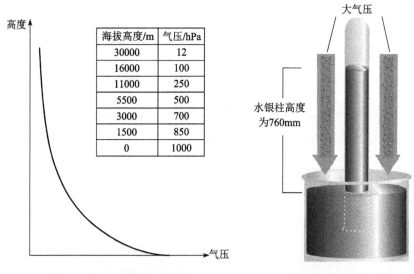

海拔高度/m	气压/hPa
30000	12
16000	100
11000	250
5500	500
3000	700
1500	850
0	1000

图1.6 气压随高度的变化   图1.7 水银气压计

如果所有的气象台都处于海平面高度,气压表的读数会指示某一通用高度层的大气压力的准确数据。然而事实并非如此,为了达到通用高度层的气压值,每一个气象台都要将它们的气压读数转化为海平面气压值。

2) 飞行上常用的几种气压

飞行上常用的几种气压包括本站气压、修正海平面气压、场面气压和标准海平面气压。本站气压是指气象台气压表所在高度处的气压,是推算其他气压值的基础。本站气压因地理位置或海拔高度不同而存在差异。修正海平面气压是为了方便分析气压水平分布情况,将本站气压推算到同一地点海平面高度上的气压值。海拔高度大于1500m的测站,因为推算出的海平面气压误差可能过大,不求取修正海平面气压。场面气压一般指机场跑道3m高度处的气压,大致相当于飞机停在机场跑道上时,飞机气压高度表所在高度的气压。为了准确掌握其相对于跑道的高度,飞机在起飞着陆时,就需要根据当时的场面气压来校正飞机气压高度表,场面气压也可由机场标高点处的气压代替。标准海平面气压是大气处于标准状态下的海平面气压,其值为 760mmHg 或 1013.25hPa。标准海平面气压与海平面气压不同,是一个固定值。飞机在航线上飞行时必须按照统一的标准海平面气压值来校正气压高度表。

　　3）气压场的基本形式

　　水平气压场指某一水平面上的气压分布,这一水平面通常取为海平面。将海拔高度在 1500m 以下的各气象观测站推算出的海平面气压填在一张图上,绘出等压线,则可显示海平面上的气压分布。通常每隔 2.5hPa 或 5hPa 画一条等压线,在其两端或闭合等压线的北方标注气压数值。

　　常见的水平气压分布的基本形式有 4 种:低气压、低压槽、高压、高压脊如图 1.8 所示。由闭合等压线构成的中心气压比四周气压低的区域称为低气压,简称低压,如图 1.8(a)所示。由低压延伸出来的狭长区域称为低压槽,低压槽中各条等压线弯曲最大处的连线称为槽线,如图 1.8(b)所示。由闭合等压线构成的中心气压比四周高的区域叫高气压,简称高压,如图 1.8(c)所示。由高压伸展出来的狭长区域称为高压脊,高压脊中各条等压线弯曲最大处的连线称为脊线,如图 1.8(d)所示。

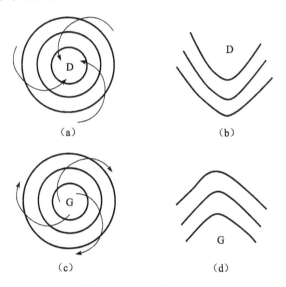

图 1.8　气压的水平分布
(a)低气压;(b)低压槽;(c)高气压;(d)高压脊。

　　以上几种气压水平分布的基本形式统称气压系统,气压场就是由气压系统组合而成的,如图 1.9 所示。

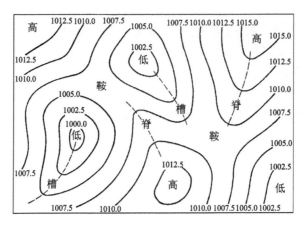

图 1.9　水平气压场的基本形式

1.1.2.2　空气温度

空气温度是表示空气冷热程度的物理量,它实质上是空气分子平均动能大小的宏观表现。

气温通常用 3 种温标来量度:热力学温标(T),单位为 K;摄氏温标(t),单位为℃;华氏温标(F),单位为℉。

如图 1.10 所示,三者的换算关系为:$T=t+273(K)$;$t=5(F-32)/9(℃)$;$F=9t/5+32(℉)$。

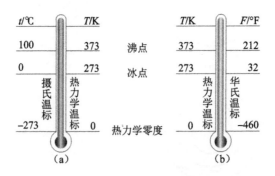

图 1.10　三种温标之间的关系

实际大气中,气温变化的方式主要有非绝热变化和绝热变化两种。

1)气温的非绝热变化

非绝热变化是指空气块通过与外界的热量交换而产生的温度变化。气块与外界的热量交换主要有以下几种:

辐射:物体以电磁波的形式向外放射热量的方式,如图 1.11 所示。

乱流:空气无规则的小范围涡旋运动,乱流使空气微团产生混合,气块间热量也随之得到交换。

水相变化:水的状态变化,水通过相变释放热量或吸收热量,引起气温变化。

传导:依靠分子的热运动将热量从高温物体直接传递给低温物体的现象。

2) 气温的绝热变化

绝热变化是指空气与外界不发生热量交换,仅由于外界压力的变化使空气膨胀或压缩而引起的温度变化,如图 1.12 所示。

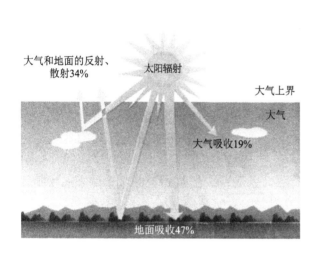

图 1.11 太阳辐射

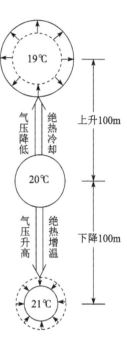

图 1.12 气温的绝热变化

绝热变化过程有两种情况:

(1) 干空气温度的干绝热过程。在绝热过程中,如果气块内部没有水相的变化,则称为干绝热过程或未饱和空气的绝热过程。

(2) 湿空气温度的湿绝热过程。在绝热过程中,如果气块内部存在水相变化,则称为湿绝热过程。

实际大气中的温度变化规律:当气块做水平运动或静止不动时,非绝热变化是主要的;当气块做垂直运动时,绝热变化是主要的。

1.1.2.3 空气湿度

空气湿度是度量空气中水汽含量的多少或潮湿程度。大气中的水汽含量随时间、地点、高度和天气条件不断变化。

1) 几种常用湿度参数

(1) 水汽压(e)。在湿空气中水汽的分压称为水汽压。它是气压的一部分，单位与气压一样，用毫米汞柱(mmHg)或帕斯卡(Pa)表示。

在温度一定的情况下，单位体积空气中能容纳的水汽数量有一定的限度，如果水汽含量达到了这个程度，空气就呈饱和状态，这时的空气称为饱和空气。饱和空气中的水汽压，称为饱和水汽压(E)，也称为最大水汽压。理论和实践证明，饱和水汽压的大小与温度有直接的关系，即温度越高，饱和水汽压越大。

(2) 比湿(q)。湿空气中水汽质量和湿空气质量之比称为比湿，单位为 g/kg。它表示每 1kg 湿空气中含有多少克水汽。饱和湿空气的比湿称为饱和比湿。

(3) 相对湿度(f)。相对湿度是空气中的实际水分量相对于此温度时空气可以容纳的总水分量的百分比，即空气的实际水汽压(e)与同温度下的饱和水汽压(E)的百分比值，则有

$$f = \frac{e}{E} \times 100\%$$

相对湿度的大小取决于两个因素，空气中的水汽含量和温度，相对湿度的大小直接反映了空气距离饱和状态的程度(空气的潮湿程度)。

例如，如果当前相对湿度为65%，即空气在此温度和压力时含有能够容纳的总水分量的65%。中国西北部的大部分地区很少看到高湿度的天气，但是在中国南方温暖的月份，相对湿度为75%~90%并不罕见。

(4) 露点(t_d)。当空气中水汽含量不变且气压一定时，如气温不断降低，使空气达到饱和时的那个温度，称为露点温度，简称露点。它的单位和气温相同。

气压一定时，露点的高低只与空气中的水汽含量有关，水汽含量越多，露点越高，所以露点也是反映空气中水汽含量的物理量。在实际大气中，空气经常处于未饱和状态，露点温度常常比气温低($t_d < t$)，只有空气达到饱和时，露点才和气温相等($t_d = t$)。

(5) 相对湿度、露点和温度之间的关系。露点和温度之间的关系定义了相对湿度的概念。以℃表示的露点是空气不能再容纳更多水分时的温度。当空气温度降低到露点时，空气就完全饱和，水汽开始在空气中凝结，以雾、露水、霜、云、雨、冰雹或者雪的形式出现，如图1.13所示。

一般而言，不饱和空气每升高 100m，温度下降约 1℃，而露点温度下降约 0.2℃，因此气温露点差的减小速度约为 0.8℃。

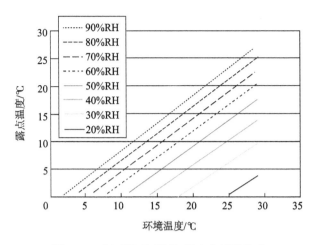

图 1.13　相对湿度、温度、露点之间的关系

2）湿度的变化

空气湿度的变化主要从水汽含量和饱和程度两方面来考虑。

（1）空气中水汽含量的变化。空气中的水汽含量取决于地表蒸发和大气温度。地表潮湿的地方，蒸发到空气中的水汽较多，当地空气水汽含量较高；在同一地区，饱和水汽压随温度升高而增大，空气容纳水汽的能力增加，含水量也相应增大。对一定地区来说，水汽含量与气温的变化规律基本相同，即白天大于晚上，最高值出现在午后。但在大陆上当乱流特别强时，由于水汽迅速扩散到高空，近地面空气水汽含量反而有迅速减少的现象。水汽含量的年变化则与气温相当吻合，最高在 7 月和 8 月，最低在 1 月和 2 月。

（2）空气饱和程度的变化。空气的饱和程度与气温高低和空气水汽含量的多少有关。但由于气温变化比露点温度的变化要快，空气饱和程度一般是早晨大午后小，冬季大夏季小。露珠一般出现在夏季的早晨，而冬季的夜间容易形成霜。夜间停放在地面的直升机冬季表面结霜、夏季油箱积水等现象，都和空气饱和程度的变化有关。

（3）确定空气到达饱和点的方法。如果空气到达饱和点而温度和露点非常接近，雾、低云或降雨就很可能形成。空气可以有 4 种方式到达完全的饱和点：第一，当暖空气在寒冷地面上移动时，空气的温度会下降而达到饱和点；第二，当冷空气和暖空气交汇时可能到达饱和点；第三，当空气在夜晚通过和较冷的地面接触而冷却时，空气会达到饱和点；第四，空气升高或者被迫在大气中上升时到达饱和点。不管是什么原因导致空气到达它的饱和点，饱和空气都会带来云、雨或其他危险的天气状况。

1.1.2.4　空气密度

1）干空气和湿空气的密度

在气象台（站），空气密度不是直接观测的，而是用观测到的气压、气温值，通过气体状态方程计算得到的。

从状态方程可知，空气密度同温度和气压有关。如果温度不变则空气密度随气压的增加而增大；如果气压不变，则空气密度随温度的升高而减小。

空气密度还与空气中水汽含量有关。在自然条件下，空气中通常都含有水汽，水汽比干空气轻，水汽密度比干空气密度小。因此，在同样的温度和气压条件下，湿空气的密度比干空气的密度小。例如，当气压为 750mmHg，温度为 20℃时，干空气的密度为 1189g/m³，而在同样条件下饱和湿空气的密度为 1178g/m³。

2）空气密度随高度的变化

空气密度随高度的升高而迅速减小，观测结果表明，高度以等差级数升高，气压和密度是以等比级数减小的。

在地球吸引力作用下，空气向低层密集，近地面附近空气的密度最大，越向上气压越低，密度也越小。

3）密度高度

飞行中常常用到密度高度的概念。密度高度是指飞行高度上的实际空气密度在标准大气中所对应的高度。在标准大气条件下，空气密度与高度的关系是确定的，但在实际大气中，某高度上的空气密度大小还要受到气温、湿度、气压等因素的影响。密度高度可用来描述这种密度随高度变化的差异。

如果在热天，空气受热变得暖而轻，直升机所在高度的密度值较小，相当于标准大气中较高高度的密度值，称直升机所处的密度高度为高密度高度；反之，在冷天，直升机飞行所处位置的密度高度，一般为低密度高度。低密度高度能增加直升机操纵的效率，而高密度高度则降低直升机操纵的效率，且容易带来危险。

4）基本气象要素变化对空气密度的影响

气温、气压和空气湿度的变化都会对直升机性能和仪表指示造成影响，这种影响主要是通过它们对空气密度的影响而实现的。

（1）气温对空气密度的影响。大气压力不仅随高度的变化而改变，而且随着温度的变化而变化。当空气被加温时，体积膨胀，所包含的空气分子数量相对减少，因此，密度降低，暖空气的密度小于同样体积的冷空气的密度。通过以上的推论和实例，我们可以得出空气密度降低，会导致密度高度增加，这一现象对飞行有重大影响。

（2）高湿度对空气密度的影响。认为水蒸气的质量比同体积的干空气重，这是不正确的。水蒸气的质量大约是相同体积干空气质量的 5/8 或 62%。当空气中含有水蒸气形式的水分时，它要比干空气的质量轻,密度小。

假设温度和压力保持不变,空气的密度变化与湿度的变化相反,当湿度增大时,空气的密度减小(密度高度升高);当湿度减小时,空气密度增大(密度高度降低)。温度越高,空气能够携带水分的能力越强。

1.2　大气的运动

大气运动对于直升机起飞、爬升、着陆和巡航都有非常重要的影响,对飞行员来说有重大意义。大气的运动会使天气发生变化,有可能成为决定安全飞行和灾难的重要因素。

1.2.1　大气环流

在任何地点和时间所产生的风和天气的条件通常都是由大气环流造成的。大气同海洋一样都有保持一个恒定平衡状态的趋势,只是后者有保持恒定水平的趋势,而前者则有在地球整个表面保持相等气压的趋势。当大气的这种平衡被打破时,气流会从高压区域流向低压区域,由此会引发以下的问题。

破坏大气平衡状态的因素是地球表面不均衡的散热。在赤道,地球所吸收的热量要多于南半球和北半球,这些热量传递给大气时会使空气温度升高并使其膨胀,密度减小。此时,南北两个方向的较冷空气由于密度较大会向赤道方向移动,迫使低密度的空气上升。结果,较冷空气温度升高,密度减小,由此,形成了固定的环流。这种环流包括两个循环轨迹:空气从赤道上升,从高空向两极移动,再沿地球表面返回赤道,如图 1.14 所示。

然而,这种理论模式会因为各种外力作用产生巨大的变化,其中地球的自转是最主要的因素。在北半球,地球的自转使空气向正常流动轨迹的右侧偏移,在南半球则向左侧偏移。

当空气从赤道向上升并向正北移动时,会向东偏移,当移动到赤道与极点距离的 1/3 时,气流不再向正北移动,而是向东。这使得空气在北纬约 30°N 附近形成一个高压带。一些空气被迫向地面移动,其中一部分向西南方向流动,返回赤道,其余空气继续沿地球表面向东北方向流动。

一部分高空气流继续向正北移动,在移动过程中被冷却,最后到达极地上空,并从这里准备开始返回赤道的旅程。当气流刚刚离开极点向正南移动时,会与从北纬 30°N 向正北流动的较暖空气相遇。较暖空气在冷空气锲上方继续向正北移动,使空气聚集在高纬度地区,如图 1.15 所示。

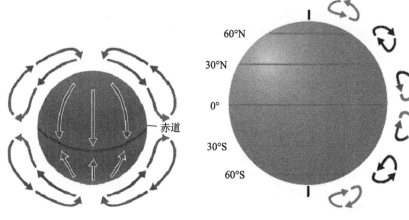

图 1.14　大气环流理论模式　　　　图 1.15　大气三圈环流模式

通常环流的复杂变化是由海洋或大陆的非正常扰动、不同地表向大气所传递热量的相对效应、一天中温度的变化和季节的交替等因素造成的。

低气压区也称为低压区,通常在比周围区域温暖的陆地或水面上方形成。如在印度,低压区在夏天酷热的陆地上方形成。但是,在冬季,陆地变冷之后,这个低压区会向温暖的海洋上空移动。这些类型的低压是半永久性的,对于飞行的影响要弱于移动气旋和气旋低压。

1.2.2　大气的水平运动

气压和温度的变化使大气产生两种运动:气流上升和下降的垂直运动,以及我们所熟知的水平运动——风。

1.2.2.1　风的观测

风的测量方法主要有仪器探测和目视估计两大类。常用仪器有风向风速仪(图 1.16)、测风气球、风袋(图 1.17)、多普勒测风雷达等。风向风速仪是测量近地面风常用的仪器。为了便于飞行员观测跑道区的风向风速,可在跑道旁设置风袋,风袋飘动的方向可指示风向,风袋飘起的角度可指示风速。高空风可用测风气球进行探测。现在一些大型机场装有多普勒测风雷达,用来探测机场区域内一定高度风的分布情况,对直升机起降有很大帮助。风的目视估计主要是按风力等级表进行的。

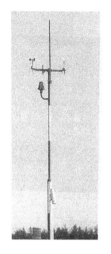

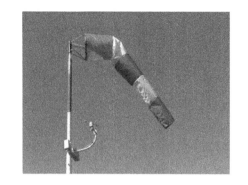

图 1.16　风向风速仪　　　　　图 1.17　风袋

1.2.2.2　风的表示

气象上的风向是指风的来向,常用 360°或 16 个方位来表示,如图 1.18 所示,这与领航上定义的航行风向相反。风是矢量,有大小和方向。

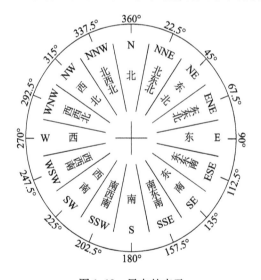

图 1.18　风向的表示

风速是指单位时间内空气微团的水平位移,常用的表示风速的单位有 m/s、km/h 和 n mile/h(也称为节(kn))。它们之间的换算关系为 1m/s=3.6km/h、1kn=1.852km/h。此外,风速大小也可用风力等级来表示,如表 1.1 所列。

表 1.1　风力等级表

风力等级	名称	风速/(m/s)		风速/(km/h)	风速/kn
		范围	平均数		
0	静风	0.0~0.2	0.1	<1	<1
1	软风	0.3~1.5	0.9	1~5	1~3
2	轻风	1.6~3.3	2.5	6~11	4~6
3	微风	3.4~5.4	4.4	12~19	7~10
4	和风	5.5~7.9	6.7	20~28	11~16
5	劲风	8.0~10.7	9.4	29~38	17~21
6	强风	10.8~13.8	12.3	39~49	22~27
7	疾风	13.9~17.1	15.5	50~61	28~33
8	大风	17.2~20.7	19.0	62~74	34~40
9	烈风	20.8~24.4	22.6	75~88	41~47
10	狂风	24.5~28.4	26.5	89~102	48~55
11	暴风	28.5~32.6	30.6	103~117	56~63
12	飓风	32.7~36.9	34.8	118~133	64~71

1.2.2.3　风的模式

受气压梯度力的影响,气流会从高压区域向低压区域流动。在北半球,从高压区域向低压区域流动的空气向右偏转,产生一个绕高压区域的顺时针循环,这也称为反气旋循环;低压区域则相反,向低压区域流动的空气被偏转而产生一个逆时针或气旋循环,如图 1.19 所示。

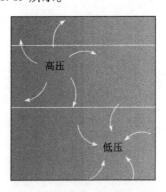

图 1.19　气流与气压的关系

高气压系统一般是干燥稳定的下降空气的区域。由于这个原因,好天气通常和高气压系统有关。相反地,空气流进低压区域会取代上升的空气,这时空气会趋于不稳定,通常会带来云量和降水量的增加。因此,坏天气通常和低压系统有关。

对高低压风模式的良好理解在制定飞行计划时有很大的帮助,因为飞行员可以利用有利的顺风,如图 1.20 所示。当计划一次从西向东的飞行时,沿高气压系统的北边和低气压系统的南边将会遇到有利的风向。在返程飞行中,最有利的风向将是同一个高气压系统的南边或者低气压系统的北边。一个额外的好处是能够更好地把握在一个给定区域沿着基于高低压占主导的飞行路线上可以预期什么样的天气。

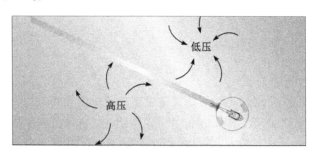

图 1.20 直升机在高低压风模式中飞行

循环理论和风模式对于大范围大气循环是正确的;然而,它没有考虑到循环在局部范围内的变化。局部环境、地质特征和其他异常可以改变接近地表的风向和速度。

1.2.2.4 障碍物对风的影响

地面上的障碍物会影响风向和风速。地面上的地形和大的建筑物会分散风的流向,产生会快速改变方向和速度的阵风,对飞行而言,这可能是一个看不见的危险。这些障碍物包括从人造建筑物,如直升机棚,到大的自然障碍物,如山脉、峭壁或者峡谷。当飞进或者飞离有大型建筑物或者自然障碍物靠近跑道的机场时,飞行员要保持高度警惕,如图 1.21 所示。

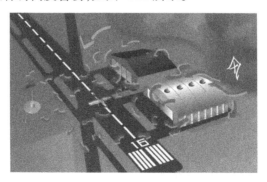

图 1.21 建筑物对风的影响

与地面建筑物有关的湍流强度依赖于障碍物的大小和风的基本速度。直升机可能由于湍流而下降,这会影响任何直升机的飞行和着陆性能,甚至会引发非常严重的危险。当直升机在山地区域飞行时,这种情况会更加明显,如图1.22所示。

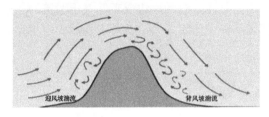

图 1.22　山地对风的影响

　　在山的迎风坡,上升气流会帮助直升机飞越山脉的顶峰。而背风坡的效果则不一样,当空气顺着地形的轮廓流动,湍流逐渐增加,这就趋向于把直升机推向山的一侧。风越强烈,向下的压力和湍流就变得越强烈。因此,建议初次山地飞行的飞行员要有现场飞行指挥员的指挥,并且在飞行前要对山地地形进行勘察。

1.2.3　局地空气运动

　　一些特殊的地理条件会对局地空气运动产生影响,这种风称为地方性风。

1.2.3.1　海陆风

　　天气晴朗时,白天涌向岸边的海浪会越来越强烈,这就是海风造成的现象。在白天,由于陆地增热比水面快,陆地气温高于海面,陆地上空气产生上升运动,海面上空气产生下沉运动。由于空气运动的连续性,低层空气将从海上吹向陆地,形成海风,而上层空气将从陆地流向海洋,形成一个完整的热力环流。晚上的情形与此相反,形成陆风,如图1.23所示。

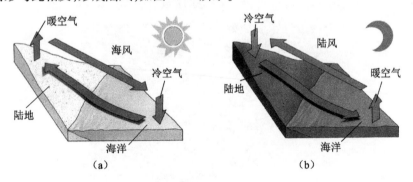

图 1.23　海陆风的形成
(a)白昼;(b)黑夜。

1.2.3.2　山谷风

山谷风是由山区的特殊地理条件造成的,形成原因与海陆风相似。在白天,由于山坡处气温高,而同高度山谷处气温低,空气从山坡上空上升而在山谷处下降形成了局地热力环流,在低层,风从谷地吹向山坡,形成谷风。晚上则形成山风,如图1.24所示。

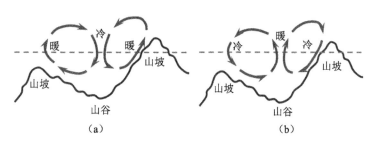

图1.24　山谷风的形成
(a)白昼;(b)黑夜。

1.2.3.3　峡谷风

在山口、河谷地区常产生风速较大的风,称为峡谷风。由于空气的连续性,当其进入狭窄的地方时,流速要加大,如图1.25所示。在山区和丘陵地区常出现这种风,由于风速变化增大,对山地飞行带来影响。

图1.25　峡谷风

1.2.3.4　焚风

气流过山后沿着背风坡向下吹的热而干的风,称为焚风。焚风吹来时,气温迅速升高,湿度急剧减小。当气流越过山脉时,在迎风坡上,空气上升冷却,由于水汽凝结放出潜热,使气温按湿绝热直减率降低,并有大量水分降落。过山后沿背风坡下降,通常按干绝热直减率增温,所以到达背风坡山脚时,空气温度比在山前时高,湿度比在山前时小,如图1.26所示。强的焚风出现时,几小时内气温可增高10℃以上。

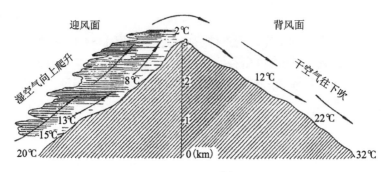

图 1.26 焚风示意图

在我国,天山南北、秦岭脚下、川南丘陵、金沙江河谷等处皆可见到焚风的踪迹。海拔仅 1000m 的大兴安岭和太行山,由于冬季来自西伯利亚的冷空气南下时,沿着斜坡倾斜下来,形成焚风,从而使东坡的气候发生重大变化。例如,太行山麓燕山脚下的北京 1 月份平均气温为 -4.7℃,比同纬度的秦皇岛市高出 1.2℃,比辽宁省大连市、丹东市等分别高出 3.7℃ 和 4.1℃ 之多,因而北京成为我国同纬度上冬季最暖和的地方。

地方性风的影响与摩擦层风的变化一样,只有在没有强烈系统影响的情况下才明显,一旦有其他强烈系统影响时,其作用就被掩盖而显示不出来。

1.2.4 摩擦层中的空气运动

在自由大气中,摩擦力是可以忽略不计的,但在摩擦层中,摩擦力对空气的运动有重要的影响。

1.2.4.1 摩擦力对空气水平运动的影响

在平直等压线的气压场中,作用于空气的力有气压梯度力 G、地转偏向力 A、地面摩擦力 R。它们达到平衡时的情况如图 1.27 所示,图中 V 是考虑了地面摩擦力以后的平衡风。

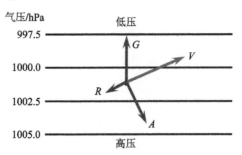

图 1.27 摩擦层空气受力示意图

由于地面摩擦力的方向与风向相反,对空气水平运动有阻碍作用,平衡风的风速比该气压场相应的地转风风速要小。同时,因为地转偏向力不再单独与气压梯度力平衡,而是它和地面摩擦力的合力与水平气压梯度力平衡,所以风斜穿等压线由高压吹向低压。

受摩擦力影响的地面风的风向与水平气压场的关系:在北半球,背风而立,高压在右后方,低压在左前方。风向与等压线之间的交角大小与地表性质、湍流交换强度、风速、纬度等因素有关。

上面的结论对于弯曲等压线的气压场同样适用。考虑了摩擦力的影响后,在北半球摩擦层中,低压中空气按逆时针方向向低压中心辐合,高压中空气按顺时针方向向外辐散,如图1.28所示。

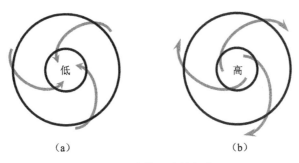

图1.28　摩擦层中的气流

（a）逆时针；（b）顺时针。

1.2.4.2　摩擦层中风随高度的变化

在摩擦层中,由于运动着的空气所受到的摩擦力随高度而减小,所以,在气压梯度力不随高度变化的情况下,离开地面越远,风速越大,风与等压线的交角越小。如果把北半球摩擦层中不同高度上的风向量投影到同一个水平面上,就可以得到图1.29所示的情况。它表示了北半球摩擦层中风随高度变化的一般

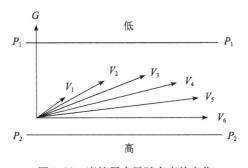

图1.29　摩擦层中风随高度的变化

规律：当气压梯度力随高度不变时，随着高度的升高风速逐渐增大，风向向右偏转；到达摩擦层顶时，由于摩擦力小到可以忽略不计，风速接近于与气压场相应的地转风风速值，风向也基本上平行于等压线。

1.2.4.3　风的日变化

在摩擦层中，上层风通常大于下层风，且风向比下层风偏右（在北半球）。日出以后，地表受热不均匀渐趋明显，湍流随之发展，上下层的动量交换频繁。这样，下层风的风速就会因得到来自上层风的动量而增大，并且风向向右偏转；与此同时，下层速度小的空气跑到上层去以后，就会使得上层风的风速减小，且风向向左偏转。14：00—15：00 湍流最强，下层风速达最大值，上层风速则达最小值。入夜以后，湍流显著减弱，因而下层风速迅速减小，风向向左转回去；上层风则与此相反。由湍流引起的上层空气的动量向下传递的现象，称为动量下传。当上层风速很大时，动量下传可使地面产生大风。以上是在地表热力性质差别不大的平坦地区常见的风的日变化情况。这种日变化主要由湍流交换强度的日变化所决定，故晴天比阴天明显，春季比冬季明显，陆地上比海洋上明显。

1.2.4.4　风的阵性

风吹来时，风向不断改变，风速一阵大一阵小的现象称为风的阵性，简称阵风。阵风的产生是受扰动气流影响的结果。扰动气流形成的主要原因有两种：一种是空气流过粗糙不平的表面，或者越过、绕过山坡以及障碍物时，受到摩擦和阻碍，而受阻大的流速变慢，受阻小的流速相对变快，这一快一慢使得空气发生波动和涡旋，形成扰动气流，称为动力扰动气流。风越大，地面越粗糙，障碍物越高，扰动气流越强。另一种是由于不同性质的地表面，在吸收太阳供给的热量以后，其增温程度不同而形成的。例如，地面比水面增温快，水泥跑道比草地增温快，因而形成空气温度分布的不均匀。较暖的空气上升，较冷的空气向较暖的空气方向运动，产生了扰动气流，这称为热力扰动气流。在其他条件相同的情况下，相邻地段上的地表性质差别越大，扰动气流越强。

风的阵性在摩擦层中（尤其是山区）最常见，也最显著，随着高度的增加，风的阵性逐渐减弱，一般在 2~3km 以上就不明显了。一天之中，因午后湍流最强，风的阵性最明显；一年之中，以夏季较为明显。在自由大气中，风向风速空间变化特别大的地方，有利于湍流的发展，也会出现风的阵性。

第2章 基本气象条件的判定及其对飞行安全的影响

地球大气中存在各种大大小小的天气系统,它们都在不断地运动和演变着,并产生出各种各样的天气。飞行员为了在飞行前清楚掌握飞行范围内的气象条件,必须依据天气图等气象资料,获取影响机场、航线的气团、锋面等天气系统的分布和移动路径,一般说来,尺度越大,系统生存时间越长;尺度越小,系统生存时间越短。飞行中经常遇到这样的情况,就是有时飞行了很长时间气象条件变化不大,而有时在很短时间内气象条件却有明显的改变,这就是不同的天气系统影响的缘故。飞行员可以从气旋和反气旋演变判断天气发展和影响范围,从锋面移动判断天气的变化和影响周期,避开危险区域,保障飞行安全。

2.1 锋面天气及其对飞行安全的影响

2.1.1 气团变性及天气

气团是指在广大地区内,水平范围在几百到数千千米,垂直厚度可达几千米至十几千米,温度、湿度、稳定度等物理属性水平分布均匀,垂直方向上的变化也大体相近的大块空气。气团内的水平温度差异小,上千千米范围内的温度差异一般小于10℃。

2.1.1.1 气团的形成

气团的形成必须具备两个条件:大范围比较均匀的下垫面和适合的环流条件(空气能够在气团源地长期停留或缓慢移动)。

由于空气的物理性质受到下垫面性质的很大影响,因而要形成气团,首先要有大范围性质比较一致的下垫面,如辽阔的海洋、浩瀚的大沙漠、冰雪覆盖的大陆等。除此以外,还必须有适合的环境条件,使大范围的空气能够较长时间停留在这样的下垫面上,以便逐渐获得与下垫面相适应的比较均匀的物理属性。

有了上述条件以后,再通过一系列的物理过程,大范围空气就可以获得比较均匀的物理属性而成为气团了,这些物理过程主要有以下几种。

(1)辐射。辐射是空气与下垫面、空气与空气之间交换热量的一种方式。它是使大范围空气获得比较均匀的温度和决定气团温度高低的因子之一。高纬度为冰雪覆盖的地区,由于雪放射长波辐射的能力很强,近地面气温低,气层稳定,乱流、对流不易发展,所以辐射对于这一地区气团的形成具有重要的意义。

(2)乱流和对流。乱流和对流可以把低层空气获得的热量和水汽带到上空,从而使较厚气层的属性都受到下垫面的影响。在低纬度地区,由于近地面气温高,气层不稳定,乱流和对流易于发展,因而它们在热带气团形成过程中所起的作用比较突出。

(3)蒸发和凝结。蒸发和凝结是空气与下垫面、空气与空气交换水分和热量的方式之一,它们能使大范围空气普遍地获得或失去水分,从而影响着气团的湿度;同时,通过蒸发吸收与凝结放热,又间接地影响了气团的温度和稳定性。

(4)大范围的垂直运动。出现大范围下沉运动时,空气往往增暖变干,温度直减率减小,空气比较稳定;出现大范围上升运动时则相反,空气往往降温变湿,温度直减率加大,空气稳定性减小。

2.1.1.2 气团的分类
气团的分类有地理分类和热力分类两种方法。

按地理分类,可以把气团划分为冰洋气团(又称北极气团)、中纬度气团(又称极地气团)、热带海洋气团和赤道气团。其中前3种气团又可分为大陆性气团与海洋性气团,赤道气团因源地几乎全为海洋,所以没有再加以区分的必要。各气团的主要特征如表2.1所列。

表2.1 各气团的主要特征

气团	主要特征
北(南)极气团	冷、干、气层稳定、天气晴朗
极地大陆气团	低温、干燥、天气晴朗
极地海洋气团	冬季温度高、湿度大、可出现云和降水;夏季与大陆气团相近
热带大陆气团	干热、气层不稳定、天气晴朗
热带海洋气团	暖湿、气层不稳定、出现积云
赤道气团	湿热、天气闷热、多阵雨和雷暴

按热力分类,在移动过程中,能使所经之地变冷,而本身却逐渐变暖的气团,

叫作冷气团。而在移动过程中,能使所经之地变暖,而本身却逐渐变冷的气团,叫作暖气团。另外,冷暖气团还可以依据相邻两气团之间的温度对比来划分,温度相对高的气团称为暖气团,温度相对低的气团称为冷气团。这种划分方法和前述的划分方法基本上是一致的,因为通常在北半球,自北向南移动的气团,不仅相对于地面,而且相对于南方的气团来说,都是冷气团;同样,自南向北移动的气团,不仅相对于地面,而且相对于北方的气团来说,都是暖气团。

2.1.1.3　气团的变性和天气判定

1) 气团的变性

当气团在源地形成后,气团中的部分空气会离开源地移到与源地性质不同的地面,气团中的空气与新地表产生了热量与水分的交换,同时在移动中还会发生一些物理过程,这样气团的物理性质就会逐渐发生变化,这种变化称为气团的变性。

2) 气团天气判定

气团在变性过程中会带来天气的变化,依据气团物理属性改变判断天气变化。暖气团向冷的下垫面移动时,具有稳定的天气特征:大气稳定,乱流弱,能形成很低的层云、层积云,有时有毛毛雨或小雨雪,会形成平流雾,地面能见度一般较差。冷气团向暖的下垫面移动时,具有不稳定的天气特征:大气不稳定,对流和乱流容易发展,多积状云,阵性降水,天气有明显的日变化,冬季可能形成烟幕或辐射雾,地面能见度一般较好。

2.1.2　锋面天气的判定及其对飞行安全的影响

大气中冷暖气团相遇时的接触面,称为锋面,简称锋。锋面与地面的交线,称为锋线。锋和空中某一平面或垂直剖面相交的区域,称为锋区。在锋的两侧,温度、湿度以及风等气象要素都有显著的差异。锋面天气主要是指锋附近的云、降水、风、能见等的分布情况,它主要决定于锋附近空气的垂直运动、气团的属性、锋面坡度等因素,地理条件对锋面天气也有很大影响。

2.1.2.1　暖锋

暖锋的坡度较小,有利于形成宽广的云区。如果暖气团是稳定的,水汽又较充沛,在暖锋移来时会依次出现卷云、卷层云、高层云和雨层云,如图2.1所示。暖锋前部云系可达数百千米,锋线附近云层低而厚,其垂直厚度在中纬度地区常达 8~10km,有时可达 10~12km。离锋线越远,云层越高也越薄。连续性降水常出现锋前雨层云中,降水宽度平均为 300~400km。由于雨滴下降蒸发,使锋下冷空气水汽增多,在冷气团中常有层积云、层云和碎层云出现;有时在锋前 150~200km 范围内出现雾(锋面雾)。

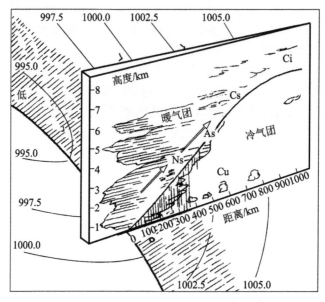

图 2.1 暖锋示意图

(图中数值单位:hPa)

一般情况下,暖锋通过之前,沿着锋面边界会形成卷状云或层状云,同时伴随着雾。在夏季的月份,可能会发生积雨云或者雷暴。暖锋通过时伴有的轻度至中等强度的降水通常以雨、雨夹雪、雪或者毛毛雨的形式出现,造成能见度变差。暖锋过境前,风从南方或者东南吹来,周围温度冷,露点增加,大气压力持续下降,直到暖锋完全通过。

在暖锋通过期间,可以看见层状云,可能还会下细雨;能见度通常是很差的,但是会随风的变化而改善;随着相对温暖的空气持续流入,温度会稳定上升;大部分地区的露点保持稳定而压力降低。

暖锋过后,层积云变成主导地位,可能发生阵雨;能见度最终会变好,但是烟雾朦胧的状况可能会在通过后维持一段较短的时间;风会从南方或者西南吹来,造成温度和露点上升,压力下降;在大气压力降低之后通常会有轻微的升高。

1) 稳定的暖锋天气

稳定的暖锋天气(图 2.2)具有如下特点:

(1) 移动速度较慢,锋面坡度小;

(2) 依次出现卷云(Ci)→卷云层(Cs)→高云层(As)→雨云层(Ns);

(3) 连续性降水常出现在地面锋线前雨层云中;

(4) 锋下冷气团中常有层积云、层云和碎层云出现;

（5）有时在锋前后形成锋面雾。

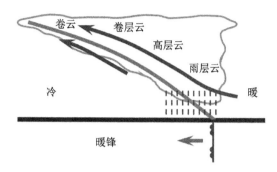

图 2.2　稳定的暖锋天气

2）暖锋对飞行安全的影响

暖气团稳定时,暖锋云中气流比较平稳,多数不会影响飞行,但也应注意以下情况：

（1）暖锋锋线附近和降水区内能见度很差,碎云高度很低,具复杂气象条件。

（2）暖锋中容易产生严重积冰。由于锋两侧温差可达 5~10℃,所以两侧积冰区的高度不同,应选择在积冰区以下或−20℃层以上的高度飞行,避开严重积冰区。

（3）暖锋云中如果暖空气潮湿而不稳定,云层中常有隐藏的积雨云,尤其要特别小心少数可能隐藏在高层云中的雷暴。

2.1.2.2　冷锋

冷锋的移速一般比暖锋的快,锋面坡度也要大些。由于冷锋两侧的暖、冷气团的稳定度状况、干湿程度和移动速度等因素的综合作用,可形成多种冷锋天气。

典型冷锋通过之前,会出现卷云或高耸的积云,也可能出现积雨云。由于云的快速发展,阵雨和阴霾也是可能的。来自南方或者西南方向的风促进了相对较冷的空气取代了温暖的空气。高露点和大气压力的降低表明了冷锋即将要通过这里。

随着冷锋经过,高耸的积云或积雨云依然占据天空的主导地位。根据冷锋的强度,形成大阵雨可能还伴随闪电、雷鸣和(或)冰雹,更严重的冷锋也会产生龙卷风。在冷锋通过时,能见度将很差,风向多变且多阵风,同时温度和露点快速下降。冷锋通过时快速下降的大气压力会降至最低点,然后开始逐渐增加。

冷锋过后,高耸的积云和积雨云开始消散成积云,相应的降水量也降低。最终能见度变得很好,西风或西北风盛行。温度仍然更冷,但是大气压力持续升高。

冷锋产生什么样的天气,通常取决于它的移动速度。冷锋根据其移动速度,可分为缓行冷锋(图2.3)和急行冷锋(图2.4)。

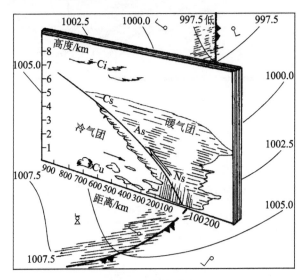

图2.3 缓行冷锋
(图中数值单位:hPa)

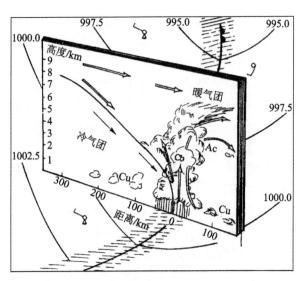

图2.4 急行冷锋
(图中数值单位:hPa)

1）缓行冷锋天气

缓行冷锋天气(图2.5)具有如下特点：

（1）移动速度较慢,坡度较小；

（2）云和降水主要出现在地面锋线后且较窄；

（3）层状云系出现的次序为 Ns→As→Cs→Ci；

（4）暖气团不稳定时,锋线上和锋后会形成积雨云。

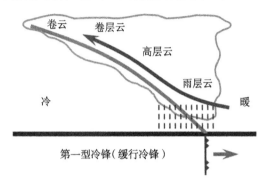

图2.5   缓行冷锋天气

2）急行冷锋天气

快速移动的冷锋受实际锋面后远处的强烈压力系统推动。地面和冷锋之间的摩擦力阻碍冷锋的运动,因此产生了一个陡峭的锋面。这结果就产生了一个非常狭窄的天气带,集中在锋面的前沿。如果被冷锋压倒的暖空气是相对稳定的,那么在锋面前方的一段距离内可能出现乌云密布的天空和下雨。如果暖空气不稳定,可能形成分散的雷暴和阵雨,沿锋面或锋面之前可能形成连续的雷暴雨带或者一条飑线。由于狂暴的雷暴是强烈且快速移动的,飑线对飞行员来说是严重的危险。在快速移动的冷锋之后,天空通常很快放晴,冷锋留下了狂暴的阵风和更低的温度。

急行冷锋天气(图2.6)具有如下特点：

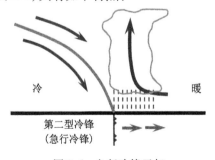

图2.6   急行冷锋天气

（1）云系和降水分布在锋线前和附近的狭窄范围内；

（2）当暖气团稳定时,依次出现 Ci→Cs→As→Ns；

（3）暖气团不稳定时,沿锋线形成一条狭窄的积状云带,并能形成旺盛的积雨云；

（4）锋线一过云消雨散,风速增加,出现大风。

3）冷锋对飞行的影响

冷锋对飞行的影响如下：

（1）在具有稳定性天气的冷锋区域飞行,在锋面附近可能有轻到中度的颠簸,云中飞行可能有积冰。

（2）降水区中能见度较坏,道面积水,对降落有影响。

（3）在具有不稳定天气的冷锋区域,有强烈颠簸和严重积冰、雷电甚至冰雹等现象,故不宜飞行。

（4）暖锋和冷锋对比

暖锋和冷锋在特性上具有明显的不同,它们在速度、结构、天气现象和预报方面都差异很大。冷锋以 12~21km/h 的速度移动,相对暖锋移动快,暖锋只以 6~15km/h 的速度移动。冷锋促使形成陡峭的锋面坡度,激烈的天气活动和冷锋有关,天气通常沿锋面边界出现,而不是在前方。然而,飑线可以在夏季月份形成,在严重冷锋的前面远到 125km。暖锋常产生低云幕高度、低能见度和下雨；冷锋则产生突发的暴风雨、阵风、紊流,有时还有冰雹或者龙卷风。

冷锋是快速来临而很少或甚至没有警告的,它可以就在几小时内引起天气完全变化。冷锋在通过后,天气很快放晴,能见度好的干燥空气取代了原先的暖空气。暖锋来临前则提供了警告,它可能要好几天才能经过一个地区。

2.1.2.3 准静止锋

当两个气团的力量相对均等时,分开它们的边界或者锋面保持静止,在几天内持续影响局部天气,这个锋面就称为静止锋。静止锋伴有的天气通常是混合的,在冷锋和暖锋中都可以发现。

准静止锋天气与暖锋的类似,由于锋面坡度最小,云层和降水区更为宽广；降水强度虽小,但持续时间却很长,若暖空气潮湿且不稳定,常可出现积雨云和雷阵雨。准静止锋天气如图 2.7 所示。

2.1.2.4 锢囚锋

当快速移动的冷锋追上一个慢速移动的暖锋时会出现锢囚锋。锢囚锋天气如图 2.8 所示,当锢囚锋接近时,暖锋天气占主导,但是很快接着就是冷锋天气。互相碰撞的锋面系统温度很大程度上决定了锋面的类型和发生的天气。当快速

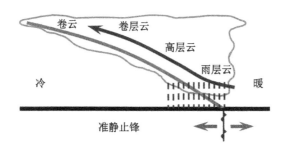

图 2.7　准静止锋天气

移动的冷锋比慢速移动的暖锋之前的空气更冷时,就会出现冷锋锢囚现象。当发生这个现象时,寒冷的空气取代了凉的空气,迫使暖锋上升到大气中。典型的冷锋锢囚产生了可以在暖锋和冷锋都可以看到的混合天气,使得空气保持相对稳定。当暖锋前的空气比冷锋的空气还冷就会出现暖锋锢囚。发生这种情况时,冷锋向上升到暖锋之上。如果被暖锋迫使上升的空气不稳定,天气会比冷锋锢囚中更加严重,很可能出现雷暴、雨和雾。

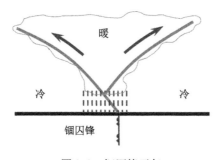

图 2.8　锢囚锋天气

除原来两条锋面云系外,在形成初期锢囚点处上升气流加强,天气变得更坏,云层增厚,降水增强,降水范围扩大并分布在锋的两侧。

2.2　气压系统天气及其对飞行安全的影响

2.2.1　低气压系统

低气压系统是在同一高度上中心气压低于四周大范围空气气压的系统,呈闭合涡旋时低气压系统也称为气旋。在北半球,气旋范围内的空气作逆时针旋转,在南半球其旋转方向则相反。

2.2.1.1　气旋的水平尺度

气旋的水平尺度（范围）以最外围一条闭合等压线的直径长度来表示。气旋的直径平均为 1000km，大的可达 3000km，小的只有 200km 或更小些。就平均情况而言，东亚气旋一般要较欧洲和北美的气旋水平尺度小。

2.2.1.2　气旋的强度

气旋、反气旋的强度一般用其中心气压值来表示。气旋中心气压值越低，气旋越强；反之，气旋越弱。反气旋中心气压值越高，反气旋越强；反之，反气旋越弱。地面气旋的中心气压值一般为 970~1010hPa。发展得十分强大的气旋，中心气压值可低于 935hPa。就平均情况而言，冬季的温带气旋的强度比夏季的要强，海上的温带气旋要比陆地上的强。

气旋的强度是不断变化的，为了表示这种变化，常用以下术语：当气旋中心气压随时间降低时，称为气旋"加深"；当气旋中心气压随时间升高时，称为气旋"填塞"。

2.2.1.3　气旋的分类

根据气旋形成和活动的主要地理区域，可将其分为温带气旋和热带气旋；按其形成原因及热力结构，则可分为冷性气旋和热低压。温带气旋多为锋面气旋，锋面气旋即是锋面与气旋相结合的气旋。锋面气旋中有锋面，一般移动性较大，常会带来恶劣的阴雨天气。气旋是常见的天气系统，是大气环流的重要角色，它的活动对中高纬度之间的热量交换和广大地区的天气变化有很大影响。

2.2.1.4　气旋的流场特征和一般天气

气旋是有一定厚度的天气系统。在北半球，气旋区由于中心气压低，气旋低层的水平气流逆时针由外朝内旋转；由于气流辐合，在中心附近的垂直方向上形成系统性上升运动。在南半球，气旋低层的水平气流则顺时针由外朝内旋转，在中心附近的垂直方向上也会形成系统性上升运动，如图 2.9 所示。因此，在一般情况下，气旋区内都会因为上升气流而将地面附近的水汽带到空中而形成云，所以气旋一般多为阴雨天气。特别是在锋面气旋中，由于气旋中的上升运动和锋面的抬升叠加在一起，就更容易成云致雨。

2.2.1.5　影响我国的气旋

1）锋面气旋

锋面气旋是具有锋面的低气压系统。在我国，锋面气旋主要集中出现在两个地带（图 2.10）：一个是从我国长江中下游到日本南部海上，习惯上称为"南方气旋"，它主要发生在春季和初夏；另一个是从蒙古中部到我国东北大兴安岭的东侧，习惯上称为"北方气旋"，它主要发生在春秋季，以春季最多。大多数锋面气旋的天气是较复杂的，因为在气旋中空气辐合较强，有利于上升运动，只要水汽充沛,就可以产生大范围的云雨天气。下面介绍对我国影响较大的东北气旋和江淮气旋的一般情况。

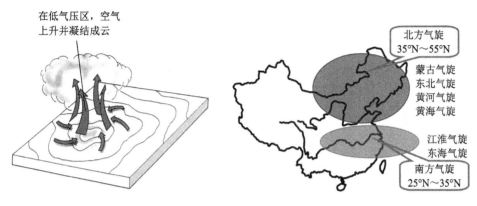

图 2.9　气旋示意图　　　　　　　图 2.10　影响我国的气旋

　　东北气旋主要活动于我国东北地区,是我国锋面气旋中发展最强大的一种,如图 2.11 所示,一年四季均可出现,以春秋两季,特别是 4 月和 5 月份活动频繁,强度最大。东北气旋常产生大范围的大风、风沙、雷暴和强烈降水等灾害性天气。

　　江淮气旋是指我国长江中下游、淮河流域一带经常出现的锋面气旋,如图 2.12 所示。

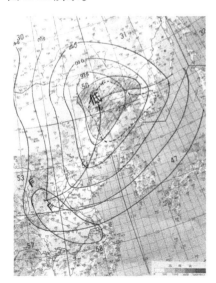

图 2.11　东北气旋

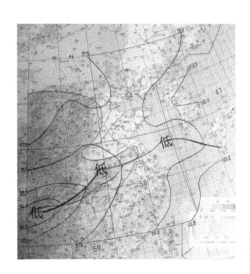

图 2.12　江淮气旋

由于这一区域一般水汽充沛,发展完整的江淮气旋常出现大片云系和降水。春季,在长江下游地区的江淮气旋东部,东南风把海上暖湿空气输送到大陆,常形成平流雾或平流低云,甚至出现毛毛雨,能见度十分恶劣。发展强盛的江淮气旋,不但可以产生雷阵雨(可达暴雨程度),也可以产生较强的大风。

总之,锋面气旋中的飞行气象条件通常是比较复杂的,特别是当穿越气旋中的锋面飞行时,不仅可遇到雾、低云、降水,也可遇到雷暴、直升机积冰和严重的颠簸等恶劣天气。

2) 热低压

热低压是出现在近地层的暖性气旋,它是浅薄的不大移动的气压系统,一般到三四千米高度上就不明显了。热低压多数是由于近地面层空气受热不均而形成的,如图 2.13 所示,这种热低压常出现在暖季大陆上比较干燥的地区,由于地面没有水汽蒸发,地表温度会升到很高,因而在局部地区形成暖性的低压,称为地方性热低压。在某些情况下,也有由于空中出现强烈暖平流或空气下沉绝热增温而形成的热低压。

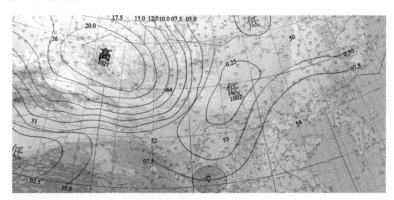

图 2.13　热低压

热低压中的天气,因条件不同而有差别:当空气很干燥时,一般是晴热少云天气,例如出现在我国西北,特别是塔里木盆地的热低压就是这样;当水汽较充沛,并有冷锋或空中低槽移近时,由于低压区的上升运动增强,也可产生云、雨天气。在干燥地区,当热低压发展强烈时,可出现大风和风沙天气,如云贵高原地区的偏南大风和河西走廊地区被称为"河西热风"的偏东大风。

3) 高空低涡

高空低涡一般是冷性气旋,冷性气旋的中心气温比四周低,常占据较厚的空间(厚达 5km 以上)。我国的高空低涡主要有东北低(冷)涡和西南低涡。

东北低涡一年四季均可出现,以 5、6 月份活动最为频繁。冬季,在冷涡形势下,东北地区从地面到空中气温都很低,会出现冰晶结构的低云,但看起来像卷云或卷层云,这是我国东北地区特有的现象。东北冷涡天气具有不稳定的特点,冬季可降很大的阵雪,能见度随阵雪大小忽好忽坏;夏季常造成雷阵雨天气。

西南低涡是指出现在我国西南地区青藏高原东部的小低压,常表现在700hPa 或 850hPa 等压面图上,其直径一般为 300~500km。西南低涡的形成与我国西南的特殊地形有密切关系,当西风气流遇到青藏高原后,在高原高度以下分为南北两支绕过,由于高原东侧背风坡风速较小,常在背风坡南侧形成逆时针旋转的气流切变,而形成西南低涡,如图 2.14 所示。

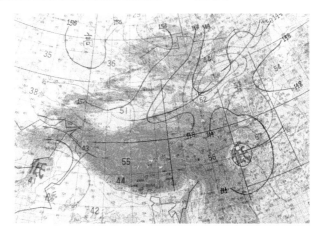

图 2.14　西南低涡

西南低涡在源地时,可产生阴雨天气,一般晚上天气更坏一些,夏半年常引起强烈的阵雨和雷暴。如果有适当的高空低槽或冷平流相配合,就有可能使西南低涡发展和东移,造成我国东部许多地区的大雨或暴雨。

2.2.2　高气压系统

高气压系统是在同一高度上中心气压高于四周的大范围空气的气压系统,呈水平涡旋,闭合涡旋也称为反气旋,在北半球,反气旋范围内的空气作顺时针旋转,在南半球旋转方向则相反。

2.2.2.1　反气旋的水平尺度

反气旋的水平尺度比气旋大得多,大的反气旋可以和最大的大陆和海洋相比。如冬季亚洲大陆的冷性反气旋,往往占据整个亚洲大陆面积的 3/4,小的反气旋其直径也有数百千米。

2.2.2.2 反气旋的强度

地面反气旋的中心气压值一般为1020~1030hPa,冬季东亚大陆上反气旋的中心气压可达到1040hPa,最高的曾达到1083.8hPa。就平均情况而言,冬季温带反气旋的强度比夏季的要强,海上的温带反气旋则比陆地上的要弱。

反气旋的强度是不断变化的。当反气旋中心气压随时间升高时,称为反气旋"加强";当反气旋中心气压随时间降低时,称为反气旋"减弱"。

2.2.2.3 反气旋的分类

根据反气旋形成和活动的主要地理区域,可将反气旋分为极地反气旋、温带反气旋和副热带反气旋。按热力结构则可将反气旋分为冷性反气旋和暖性反气旋,如蒙古冷高压和太平洋暖高压等。

2.2.2.4 反气旋的流场特征和天气

在北半球,反气旋区由于中心气压高,低层的水平气流顺时针由内朝外旋转,由于气流辐散,在中心附近的垂直方向上形成系统性下沉运动,如图2.15所示。在南半球,反气旋低层的水平气流逆时针由内朝外旋转,在中心附近的垂直方向上也会形成系统性下沉运动。因此,在一般情况下,反气旋区内都会因为下沉气流而难以形成云,反气旋一般多为晴好天气。但由于反气旋特别大,又有冷暖之分,所以不同反气旋的天气差异还是较大的。

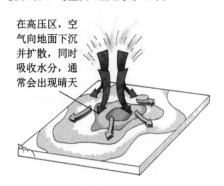

图2.15　反气旋示意图

2.2.2.5 影响我国的反气旋

1) 蒙古冷高压

蒙古冷高压是位于蒙古地区的冷性反气旋,是影响我国的重要天气系统。冬半年从西伯利亚地区和蒙古地区侵入我国,使所经之地气温骤降。在蒙古冷高压东部前缘,一般就是相应的冷锋天气,如图2.16所示。高压前的冷锋到达我国北方,气温骤降,风向北转,风速猛增,一般可达10~20m/s,有时甚至可达

25m/s 以上,常出现风沙和降雪。冷锋经江淮流域再向南移,风速仍然很大,由于气团湿度增加,常形成阴雨天气,"三天北风两天雨"就是指这种天气。冷高压前缘移过之后,在冷高压中心控制下,天气也逐渐转晴。在中心区,早上常出现辐射雾或烟幕等现象,能见度极为恶劣,但随着冷气团的回暖变性,湿度增加和稳定度减小,也可出现局地的积状云和阵性降水。

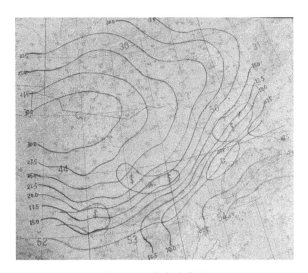

图 2.16　蒙古冷高压

2) 太平洋副热带高压

对我国影响最大的暖性反气旋,产生于北太平洋西部,称为副热带高压,简称副高。副高主体在太平洋上,我国常受其西伸高压脊的影响。西伸高压脊的位置和强度与我国的天气有很大的关系。

在天气分析预报中,副热带高压范围多以等压面图上的特定等高线来表示,在 500hPa 等压面图上用 588 位势米线的范围来确定,如图 2.17 所示,700hPa 等压面图上一般以 312 位势米线、850hPa 等压面图上以 152 位势米线、地面天气图上以 1010.0hPa 等压线所围范围来确定。

在副高脊附近,下沉气流强,风力微弱,天气炎热。长江中下游地区 8 月份常出现的伏旱高温天气就是由副高较长时间的控制造成的,脊的西、北侧与西风带相邻,常有气旋、锋面、低槽等天气系统活动,多阴雨天气,如图 2.18 所示。据统计,我国主要的雨带位于副高脊线以北 5~8 个纬距。随着副高位置和强度的变化,阴雨天气的分布也随之发生变化。当脊线位于 20°N 以南时,雨带在华南;6 月份位于 20°N~25°N 时,雨带位于江淮流域,即"梅雨"季节;7 月份脊线越过

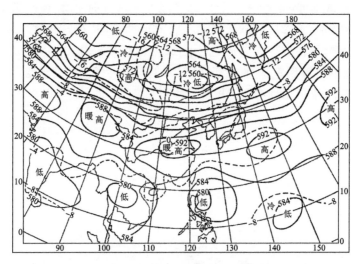

图 2.17　太平洋副热带高压示意图

25°N 后,雨带移到黄淮流域;7 月底 8 月初脊线越过 30°N 时,则华北、东北进入雨季。副高脊南侧为东风气流,当其中无气旋性环流时,一般天气晴好;但当东风气流发生波动,形成所谓东风波,或有热带气旋形成时,则会出现云雨、雷暴等恶劣天气。副高脊短期的东西进退,对其西部地区的天气也有很大的影响。当高压脊刚开始西伸时,常有热雷雨产生。在东时,其西部常有低槽东移,空气对流加强,造成大范围的雷阵雨天气。

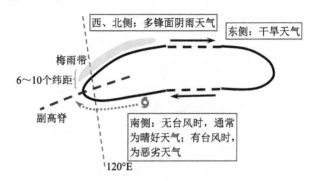

图 2.18　太平洋副热带高压的天气

2.2.3　槽线和切变线对飞行安全的影响

槽线和切变线是在空中等压面图上经常看到的天气系统,也是天气分析中的重要部分。

2.2.3.1 槽线

在对流层中纬度地区,随着高度的增加,大气运动越来越近于西风,并常以波状流型出现。在北半球,表现为向北的波峰(高压脊)和向南的波谷(低压脊)。在低压槽中,等高线弯曲最大点的连线就是槽线,如图 2.19 所示。

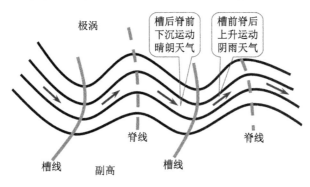

图 2.19 槽线

在北半球中纬度地区,高空低压槽位于地面低压之后,高压之前;槽线前有辐合上升运动,盛行偏南暖湿气流,多阴雨天气;而槽线后盛行冷西北气流,有辐散下沉运动,多晴好天气。

我国一年四季各地均有低槽活动,它们大多自西向东影响我国。槽在单独出现时(地面没有锋面、气旋等与之对应),往往并不强,一般只产生一些中高云天气。比较强的低槽常常与气旋和锋面相联系,带来较恶劣的天气。

槽线对飞行的影响有以下几方面。

(1)横穿槽线飞行,会遇到槽线附近和槽线前的阴雨天气(夏季大气不稳定时也能形成雷暴)。

(2)横穿槽线飞行会遇到明显的风向风速的变化,即在北半球,先遇到左侧风,过槽线后转为右侧风。

(3)槽区由于气流切变常有乱流,使直升机发生颠簸。

2.2.3.2 切变线

切变线是具有气旋式切变的风场不连续线。在它的两侧,风向、风速有明显差别,但温度没有多大差异。根据流场类型,切变线大致可分 3 种类型,如图 2.20 所示。第一种由偏北风与西南风构成,性质与冷锋相似,一般自北向南移动(图 2.20(a));第二种由东南风与西南风构成,性质与暖锋相似,一般由南向北移动(图 2.20(b));第三种由偏东风与偏西风构成,性质与准静止锋相似,很少移动(图 2.20(c))。

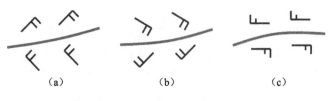

(a)   (b)   (c)

图 2.20　切变线

　　切变线常见于 700hPa 或 850hPa 等压面上,即在中低空,可以有也可以没有锋区与之配合,但在切变线的南或东南侧常伴有静止锋或冷锋。切变线近于东西向,两侧的空气相向流动,气流水平辐合较强,有利于上升运动,且南侧西南气流水汽充沛,故常形成阴雨天气;切变线也常与冷锋、暖锋、静止锋相配合,带来比较恶劣的天气。切变线一般可维持 3~5 天,长则可达 10 天以上。切变线在冬季多伴有连续性降水,雨量小,但雨区较宽;夏季常出现雷阵雨,雨区较窄,但雨量常达到暴雨程度。

　　切变线对飞行的影响有以下几方面:

　　(1) 切变线带来的云雨和不稳定天气,对飞行有很大影响;

　　(2) 横穿切变线飞行遇到的天气与槽线相似,除阴雨天气外,也会遇到风向风速的变化和直升机颠簸。

　　切变线反映的是水平流场的特征,槽线则是反映水平气压场的特征,两者是分别从流场和气压场来定义的不同天气系统。但因为风场与气压场相互适应,二者也有一定联系,槽线两侧风向必定也有明显的气旋性切变,切变线也常产生在两高之间的低压带,但不表现为低压槽的形式。

第 **3** 章　主要天气现象的识别及其对飞行安全的影响

影响飞行的主要天气现象有云、降水、雾和沙尘等现象,这些天气现象会严重妨碍直升机飞行,直升机在云中飞行可能产生积冰,在云中或云外都可能会碰到颠簸,降水可影响能见度、影响直升机气动性能等。这些天气现象虽然给飞行安全带来影响,但能反映当时的大气运动状态、大气稳定度和水汽条件,还能在一定程度上预示未来天气变化的趋势,飞行员可以通过目视征兆识别,推测天气的变化并判断其对飞行产生的影响。

3.1　云 的 识 别

云是水汽凝结物在空中聚集而成的现象,大气必须满足 3 个条件才能形成云,即充足的水汽、充分的冷却和足够的凝结核。在实际大气中,满足这 3 个条件的方式主要是含有一定水汽的空气做上升运动,当上升到足够高度时,由于冷却使其中的水汽凝结在凝结核上而形成云。因此,充足的水汽和上升运动是形成云的基本条件。

由前面的讨论可知,大气中的上升运动有 4 种形式,根据上升运动的种类,可将云分为积状云、层状云和波状云 3 种基本类型以及一些特殊状云。

3.1.1　积状云

在对流的上升运动中形成的云称为积状云,包括淡积云、浓积云、积雨云和碎积云。

3.1.1.1　积状云的形成和发展

1) 积状云的形成

在对流中能否形成积状云,取决于对流运动所能达到的高度(对流高度)和上升气块开始发生水汽凝结的高度(凝结高度),如图 3.1 所示。当对流高度低于凝结高度时,上升气块不能达到饱和,就不会形成云;当对流高度高于凝结高时,积状云就形成于两高度之间。

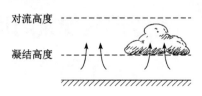

图 3.1　积状云的形成

2) 积状云发展的 3 个阶段

在对流发展的不同阶段,生成的积状云也可分为 3 个阶段,如图 3.2 所示。

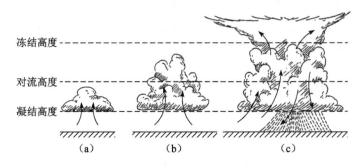

图 3.2　积状云发展的 3 个阶段
(a)淡积云;(b)浓积云;(c)积雨云。

淡积云是在对流发展的初始阶段形成的。这时对流比较微弱,对流高度仅稍高于凝结高度,只能形成一个厚度不大的云泡,如果这时空中有强风或较强乱流,就可能形成碎积云,如图 3.2(a)所示。

如果对流继续加强,则一朵积状云可由数个云泡聚集而成,云块也变得高大臃肿,圆弧形轮廓相互重叠,就形成了浓积云,如图 3.2(b)所示。

当对流发展得非常旺盛时,气流猛烈上升,使云顶发展到很高的高度,温度也降低到−15℃以下,云滴完全成为冰晶。云顶的圆弧形轮廓开始模糊发毛,浓积云也就形成了积雨云,如图 3.2(c)所示。积雨云中强烈发展的对流可使云顶向上伸展到很高的高空,有时由于高空强风的作用,会使云顶向下风方向倒状,有如随风飘扬的马鬃,这种积雨云称为鬃积雨云。有时积雨云顶向上急剧伸展至对流层顶附近,受到阻挡而向周围水平展开,形成砧状云顶,称为砧状积雨云。

3.1.1.2　积状云的特征和天气

积状云大多具有孤立分散、底部平坦和顶部凸起的外貌特征(图 3.3)以及明显的日变化。由热力对流产生的积状云表现出的这些特征尤为明显,这是由热力对流本身的特征而决定的。一天之中,随着对流强度的日变化,积状云的演变规律通常是:上午为淡积云,中午发展为浓积云,下午则成为积雨云,到傍晚逐渐消散,或演变成其他云。在暖季,可利用这一规律了解天气短期演变趋势。例如,如果上午相继出现淡积云和浓积云,则表示气层不稳定,下午有可能发展成积雨云;如果午后天空还是淡积云,表示气层稳定,对流不易发展,天气仍会很好;傍晚由积云平衍而形成的积云性层积云或积云性高积云(常伴有晚霞),往往预示明天天气仍然晴好,故有"晚霞行千里"之说。

(a)　　　　　　　(b)　　　　　　　(c)

图 3.3　积状云

3.1.2　层状云

在系统性垂直运动中形成的云称为层状云。

3.1.2.1　层状云的形成和特征

我们知道,系统性垂直运动主要产生于低压(或槽)中的水平气流辐合区和大范围冷暖空气的交锋区。在这些区域中大气比较稳定的情况下,可以形成大范围有规则的上升运动,在水汽充沛的条件下,能形成范围广阔的层状云。

层状云的共同特征如下:

(1) 云体向水平方向发展;

(2) 云层均匀、范围广阔;

(3) 层状云常连绵几百千米,形成大面积的降水。

图 3.4 所示为在大范围的冷暖空气的交锋区,由于暖空气在冷空气的上面缓慢爬升,形成了由高到低的卷云、卷层云、高层云和雨层云,这一系列云按一定

的顺序出现,称为层状云系。

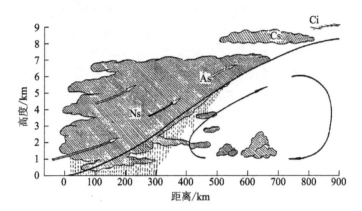

图 3.4　冷暖空气交锋区的层状云系

Ns—雨层云;As—高层云;Cs—卷层云;Ci—卷云。

3.1.2.2　层状云的演变和天气

由于层状云(图 3.5)常和阴雨天气相联系,所以可从层状云的演变规律判断未来的天气趋势。

　　　　(a)　　　　　　　　　(b)　　　　　　　　　(c)

图 3.5　层状云

对一个地区来说,如果出现的层状云由高向低转变,即由卷云(多为钩卷云)转为卷层云,再转为高层云,则以后就很有可能转变成雨层云而产生降水。谚语"天上钩钩云,地下雨淋淋""日晕三更雨,月晕午时风",说的就是这种天气。如果层状云是由低向高转变,则天气将会转好。但要注意,如果云孤立分散,云量逐渐减少或少变,说明系统性垂直运动在减弱,天气常常会继续晴好。

3.1.3　波状云

波状云是指由大气波动或大气乱流形成的云,大气波动和大气乱流中都包含有上升运动,再加上足够的水汽,就能形成云。

3.1.3.1　波状云的形成

1) 在波动中形成的波状云

在大气波动中形成的波状云有层积云、高积云和卷积云。大气波动可出现在不同的高度上,由于波动的特点,在波峰处空气上升形成云,在波谷处空气下沉,云很少或没有云,这样云层看起来就像起伏的波浪,如图 3.6 所示。波状云由云块、云片或云条组成,当波动出现在低空时,形成的波状云由于距地面较近,在地面上的观测者看来,构成波状云的云条、云块显得大而松散,这就是层积云。中空出现波动时形成的云称为高积云,由于高度较高,空气中水汽含量一般较少,云体相对要薄一些,从地面上看,构成高积云的云块、云条或云片呈灰白色,显得光滑,体积较小。大气波动出现在高空时,形成的波状云从地面看是由白色鳞片状的小云块组成的,这就是卷积云。

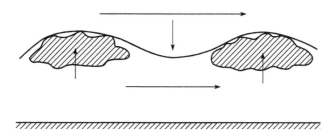

图 3.6　波状云的形成

2) 乱流中形成的波状云

由大气乱流形成的云也属于波状云,因为这些云的顶部呈波浪起伏状,这些云是层云、碎层云和碎雨云。

在摩擦层中,当逆温层下有较强的乱流发展时,由于乱流混合作用,使混合层上部水汽增多,同时乱流上升运动引起空气温度下降,从而在逆温层下形成层云。层云高度很低,也可由乱流将雾抬升而形成,从云下看仍然像雾,外形呈幕状像层状云,但从其形成原因来看,属于波状云。层云消散时,分裂形成碎层云。碎层云云体薄而破碎,形状极不规则,从地面看移动较快。当有降水云层存在时,降水使云下空气湿度增加,如有乱流发展形成上升运动,则可在降水云层下形成破碎的云块、云片,这种云形状极不规则,随风飘移,云高很低,称为碎雨云。

3.1.3.2　波状云和天气

大多数波状云(图 3.7)出现时,气层比较稳定,天气少变。"天上鲤鱼斑,晒谷不用翻"就是指透光高积云或透光层积云,它们常预示晴天。但有时波状云与坏天气也有联系,"鱼鳞天,不雨也风颠",是指出现卷积云时,天气将转坏,因为它往往是系统性层状云系的先导。波状云也出现在系统性上升运动中,如果波状云不断加厚,高度降低,向蔽光层积云演变,表示阴雨天气将要来临。

（a）　　　　　　　　　　　（b）

图 3.7　波状云

3.1.4　特殊状云

除上述 3 类比较规范的云状外,大气中还可见到一些特殊形状的云。特殊的云状指示着特殊的大气运动形式和大气状态,往往可以预兆未来的天气。下面讨论几种常见的特殊状云。

3.1.4.1　堡状云

当波状云在逆温层下形成后,如果逆温层厚度不大,其下又有对流和乱流发展,较强的上升气流就可能穿过逆温层的某些薄弱部分,形成具有积云特征的云顶。这样,整个云层看起来就像远方的城堡,底部水平,顶部有些突起的小云塔。一般将堡状云归入波状云一类,出现于低空的堡状云称为堡状层积云,出现于中空的堡状云称为堡状高积云,如图 3.8 所示。

可见,堡状云是由大气波动和对流、乱流共同形成的,它的出现说明当时空中有逆温层,但不能完全阻止对流的发展,如对流进一步加强,就有可能形成强烈对流而产生恶劣天气。因此,如果飞行时发现某地早上有堡状云出现,就应估计到了中午或下午,由于大气一般会变得更加不稳定,对流进一步发展,可能出现雷阵雨天气,给飞行活动带来影响。

图 3.8　堡状高积云

3.1.4.2　絮状云

絮状云也属波状云,常表现为絮状高积云。当中空有强烈乱流形成时,会使高积云个体变得破碎,状如棉絮团,如图 3.9 所示。因此,在絮状云区飞行直升机颠簸较强烈。如果暖季早晨出现了絮状云,表示中空气层不稳定,到中午或下午,中低空不稳定层结合起来,就有可能形成雷阵雨天气。

图 3.9　絮状高积云

3.1.4.3　荚状云

在局部升降气流汇合处,上升气流区形成云,上部下沉气流使云的边缘变薄而形成豆荚状的云,称为荚状云。低空形成的荚状云为荚状层积云,中空形成的为荚状高积云,如图 3.10 所示。荚状云多出现在晨昏,此时最易出现升降气流对峙的情形。此外,在山区由于地形影响也能产生荚状云。荚状云通常是晴天的预兆,但如在它之后出现高层云,也可向阴雨天气转变。

图 3.10　荚状高积云

3.1.5　观云测天

云的变化与天气变化息息相关。自古以来,人们在生产和生活中就注意"观云测天",总结了许多丰富的看云识天气的经验。飞行人员了解云与天气变化的关系,学会观云测天,对飞行安全是非常有益的。

3.1.5.1　云的颜色与天气

云不仅形状多变,颜色也常有变化。因为云的内部结构、云的高低和厚薄不同,它们对日光和月光的透射、反射的作用不一样,所以出现了不同的颜色。

如果云中大水滴多,大水滴能把太阳光中的短波光(蓝、靛、紫色光)散射掉,而长波光(红、橙、黄色光)透射过来,我们看到的云就发红或发黄,而富有大水滴的云,通常是能降大雨(雪)的积雨云或雨层云。"天黄有雨"的谚语就是这个道理。高云由于是冰晶组成并且比较薄,云中冰粒的密度稀,能透光,故多为白色,中云多为过冷水滴组成且较厚,能削弱一部分阳光,故多为灰白色或淡灰色,而低云底部多为较大的水滴组成且较厚,能更多地削弱阳光,故多为灰色或黑灰色。因此,当云层降低变厚时,云色必然随之从灰白再变为灰黑,直至产生降水。反之,当云色从灰黑转变为白色时,反映了云系的抬高与变薄,天气将转为晴好。所以有"先白后黑,大雨嚗啪;先黑后白,只管晒麦"的农谚。

3.1.5.2　云的移动与天气

云的移动,直接表示了它所在高度上的高空风,也就间接地反映了影响本地区的天气系统变化,因此,对掌握天气演变很有用处。

当上下各层云向一致时,一般表明本地处于深厚的单一气团的影响之下,天气比较晴好。当高低层风向不一致时,则反映本地处于不同气团或天气系统的影响下,天气将转坏。例如,高、中云的来向为西南时,反映了本地处于高空槽前,为暖湿的西南气流所控制;此时若低云的来向为东或东南,则又反映了本地处于低层气旋或暖锋的前部,将会出现连续性的雨、雪天气;若低云的来向偏西南,这时高、低空气流方向一致,本地低层亦处于暖气团区内,天气将晴好。谚语"云向东(指向东走),一场空;云向南,雨成潭;云向西,披蓑衣;云向北,雨没得"就是我国中纬度地区低云移向和降水关系的概括。有时在雷雨天气之前,天空中的中、低云向很不一致,甚至方向相反,这种情况容易促使空气的对流和乱流发展强烈。这就是通常说的"云交云,雨淋淋"。

云的变化与天气变化密切关联,但有时,它也受地理条件和季节的影响。观云测天,要注意云的连续变化,还要结合地区和季节特点,还要配合观察其他的气象要素以及天象、物象,才能判断正确。

3.2　低云对飞行安全的影响

按云底的高度,可以把云分为高云、中云、低云3类。高云全部由细小的冰晶组成,云底高度通常在6000m以上,高云按形状可包括卷云、卷层云、卷积云3类。中云由水滴、过冷水滴与冰晶混合组成,云底高度通常为2500~6000m,中云按形状可分为高层云和高积云。低云多由水滴组成,云底高度一般在2500m以下,低云按形状又分为积云、积雨云、层积云、层云、雨层云。

3.2.1　淡积云

3.2.1.1　外貌特征

淡积云(Cu)通常由水滴构成,如图3.11所示,云中含水量为0.11~0.38g/m³,在冬季高原或北方地区,常由过冷水滴和雪花(冰晶)混合构成,故偶有降雪。淡积云云高为600~1200m,云厚为几百米,云块底部较平,顶部呈圆弧形凸起,像小山包,云体垂直厚度小于水平宽度。在暖季早晨,天空如出现底平、顶凸、孤立的云块(淡积云),或移动较快的白色碎云(碎积云),表明中低空气层比较稳定,天气晴好。

3.2.1.2　对飞行的影响

淡积云对飞行的影响较小,云上飞行比较平稳;若云量较多时,在云下或云中飞行有时有轻微颠簸;云中飞行时,连续穿过许多云块,由于光线忽明忽暗,容易引起疲劳。

图 3.11　淡积云

3.2.2　浓积云

3.2.2.1　外貌特征

浓积云(TCu)通常由水滴和过冷水滴构成,如图 3.12 所示,云中含水量可达 1.65g/m³,在冬季高原或北方地区,常由过冷水滴和雪花(或冰晶)混合构成,故偶有降雪。浓积云云高为 600~1200m,云块底部较平,呈暗灰色;顶部凸起而明亮,圆弧形轮廓互相重叠,像花椰菜。浓积云云块垂直向上发展旺盛,云厚为几千米,云体高大像小山或高塔,其垂直尺度小于水平尺度。

图 3.12　浓积云

3.2.2.2　对飞行的影响

浓积云对飞行的影响比淡积云大得多,在云下或云中飞行常有中度到强烈颠簸,云中飞行还常有积冰。此外,由于云内水滴浓密,能见度十分恶劣,通常不超过 20m。因此,禁止在浓积云中飞行。

3.2.3　积雨云

3.2.3.1　外貌特征

积雨云(Cb)为由水滴、过冷却水滴和冰晶组成的混合云,如图 3.13 所示,云中含水量可达 $10g/m^3$ 以上,在我国高原地区气温很低的情况下,积雨云的全部云体可由冰晶构成,颜色灰白。积雨云云高为 400～1000m,云体在 4000～10000m 以上,垂直发展极盛,远看像耸立的山或高塔,顶部具有纤维结构,有时平衍呈马鬃状或铁砧状,云底混乱,常呈悬球状、滚轴状或弧状。云底多呈铅黑色,云下常有低而破碎的云(碎雨云),积雨云布满天空时,天空显得非常阴暗。常伴有雷暴、降水(或呈幡状),有时有冰雹,偶有龙卷。"清早宝塔云,下午雨倾盆"是指在暖季的早晨,若天边出现了堡状云,表示这个高度上的潮湿气层已经很不稳定,到了午间,低层对流一旦发展,上下不稳定的层次结合起来,就会产生强烈的对流运动,形成积雨云而发生雷雨。

|　　　　(a)　　　　|　　　　(b)　　　　|

图 3.13　积雨云

积雨云按其外形可区分为秃积雨云(Cb calv)和鬃积雨云(Cb cap)。

3.2.3.2　对飞行的影响

积雨云对飞行的影响最为严重。云中能见度极为恶劣,直升机积冰强烈;在云中或云区都会遇到强烈的颠簸、雷电的袭击和干扰;暴雨、冰雹、狂风都可能危及飞行安全。因此,禁止在积雨云中或积雨云区飞行。

3.2.4　碎积云

3.2.4.1　外貌特征

碎积云(Fc)通常由水滴构成,冬季可由过冷水滴构成,如图 3.14 所示。碎积云云块支离破碎,中部稍厚,边缘较薄,随风漂移,形状多变。

图 3.14　碎积云

此外,在降水的过程中,由于雨滴蒸发使低空湿度增大,加上空气的扰动,经常在降水性的云层(如雨层云、积雨云)下面生成一种支离破碎、形状多变、高度很低(一般为 50~300m)、移动较快、呈灰色或暗灰色的云,称为碎雨云。"江猪过河,大雨滂沱"中,江猪即指雨层云下的碎雨云,出现这种云,表明雨层云中水汽很充足,大雨即将来临。有时碎雨云被大风吹到晴天无云的地方,夜间便看到有像江猪的云飘过"银河",也是有雨的先兆。

3.2.4.2　碎积云对飞行的影响

通常情况下碎积云对飞行的影响不明显,云量显著增多时,会妨碍飞行员观测地标和影响飞机着陆。碎积云高度低,在这种天气条件下着陆,出云后供飞行员修正着陆偏差的时间短,会增加飞行员操纵难度。

3.2.5　层积云

3.2.5.1　外貌特征

层积云(Sc)由水滴构成,如图 3.15 所示,云中含水量为 0.1~0.4g/m³,云高为 500~1500m,云体多呈灰色或灰白色,有时呈暗灰色。云体呈块状、团状、片状或条状。云块较大,其视角多数大于 5°,有时孤立分散,有时聚集成群、排列成行,形似大海中的波涛。云厚在几百米到至一千米以上,云层各部分的透光程度差别很大,薄的部分能看出日月的轮廓,厚的部分分辨不出日月的位置。有时出现华或虹彩,或降间歇性雨雪。

"炮台云,雨淋淋",炮台云指堡状层积云或堡状高积云,其多出现在低压槽前,表示空气不稳定,一般隔 8~10h 有雷雨降临。

图 3.15   层积云

3.2.5.2   层积云对飞行的影响

层积云云中气流波动强度较弱,飞机云中飞行较为平稳,有时会出现轻度颠簸。由于层积云云层上部含有过冷水滴,飞机云中飞行遭遇过冷水滴,可产生轻度到中度积冰。同时,层积云云块之间存在间隙,飞机云中穿行会忽明忽暗,引起飞行员视觉疲劳。

3.2.6   层云

3.2.6.1   外貌特征

层云(St)由水滴构成,如图 3.16 所示,云中含水量为 0.2~0.6g/m³,云高为 100~700m。层云昼间呈灰色或灰白色;夜间地面有灯光照映或有积雪反光时,多

图 3.16   层云

呈白色或淡红色,无灯光照映,则呈黑色。层云云厚为几百米,云底呈均匀的幕状。云底很低,常笼罩山顶和较高的建筑物。偶尔出现华,有时降毛毛雨或米雪。

另外,由层云或雾抬升可形成碎层云,碎层云通常由水滴组成,在冬季高原和北方地区,可由过冷水滴组成。碎层云云体呈片状,支离破碎,形状极不规则;云片很薄,移动明显;云底很低,常常遮盖高的建筑物。

3.2.6.2 层云对飞行的影响

层云中上升气流较弱,飞机云中飞行平稳。由于云层较厚,冬季云中飞行可能会形成积冰。云底高度低,云下能见度也很恶劣,严重影响飞机起飞、着陆。

3.2.7 碎层云

3.2.7.1 外貌特征

碎层云(Fs)如图 3.17 所示,云体呈破碎片状,很薄;形状极不规则,变化明显;云高通常为 50~500m。

图 3.17 碎层云

3.2.7.2 碎层云对飞行的影响

碎层云对飞行的影响与层云相似。在碎层云条件下飞行,飞行员容易将更多的注意力转向对云状、云量、云底高度的观察和寻找地标上,忽视对仪表的观察,丢失飞机状态。

3.2.8 雨层云

3.2.8.1 外貌特征

雨层云(Ns)由冰水混合构成,如图 3.18 所示,云中含水量为 0.6~1.3g/m³,云高为 100~1000m,雨层云云层很厚,厚度为 2000~10000m,云体呈暗灰色,看不出日月的位置。水平分布范围很广,遮蔽全部天空。云体呈均匀幕状,模糊不清,雨层云在降水前、后或降水时,云底下边常有碎雨云出现,云块残碎,跑得很快,俗称跑云。雨层云常降连续性风雪,有时有雨雪幡。由于云层水平分布范围很广,云内水汽充足,降水多为连续性的,降水量也较大,所以有"空中水库"之称。"天上灰布悬,雨丝定连绵",灰布云即指雨层云,大多由高层云降低加厚蜕变而成,范围很大、很厚,云中水汽充足,常产生连续性降水。

图 3.18　雨层云

3.2.8.2　雨层云对飞行的影响

雨层云无对流和湍流,飞机云中飞行平稳,但由于云层较厚,能见度恶劣,冬季云中有过冷水滴,飞机长时间云中飞行可产生中度到重度的积冰。暖季云中可能隐藏着积雨云,不易被发现,严重威胁飞行安全。

3.2.9　碎雨云

碎雨云(Fn)如图 3.19 所示,随风漂移形状极不规则,云量极不稳定,移动速度快,云高很低,通常几十米到 300m,伴随在积雨云或雨层云底部。

图 3.19　碎雨云

碎雨云主要影响起飞着陆,特别是有时碎雨云迅速掩盖机场,对安全威胁很大。

3.3 降水的识别及其对飞行安全的影响

3.3.1 降水的识别

3.3.1.1 降水的概念

水汽凝结物从云中落下形成降水,占从大气中落到地面总水量的99%以上。降水常使飞行活动变得很困难,甚至可能成为严重航空事故的原因。降水影响的程度与降水种类、强度以及降水时的气温有关。

3.3.1.2 降水的分类

从形态上降水可分为固态降水和液态降水。固态降水如雪、雪丸、冰丸、冰雹等降水;液态降水有雨和毛毛雨。

按性质可分为连续性降水、间歇性降水和阵性降水。

连续性降水持续时间长,覆盖范围广,强度不大,多由层状云产生。因为层状云的水平范围可达几百千米至几千千米,所以降水时间比较长。当它移动很慢甚至呈准静止状态时,降水可持续几天甚至十几天。雨层云和高层云因云层厚度和含水量比较大,常常有连续性降水,尤其是雨层云降水比较大。

间歇性降水时降时停,强度不大,多由波状云产生。波状云由于云层不厚且不均匀,含水量也不大,所以降水一般不大,常常时降时停,具有间歇性。层云可降毛毛雨或米雪。层积云和高积云只能降不大的雨雪。

阵性降水持续时间短,影响范围小,强度变化大,多由积状云产生。这一方面是因为积状云的生命期比较短,如浓积云为半小时左右,雷雨云也只有 1h 左右,所以降水骤降骤止;另一方面积状云块的水平范围不大,移动又比较快,通过一地用不了多少时间,所以降水起止突然,强度变化大。淡积云一般不降水。浓积云有时有降水,特别是在低纬度地区,因为浓积云的厚度和含水量都很大,可降大阵雨。

降水还可按强度进行划分。降水强度常用单位时间内的降水量(降水在地平面上的积水深度)来表示,由雨量计测得,如图 3.20 所示。但应注意到,水汽凝结物在降落过程中因为增温等作用要发生蒸发,所以降水强度往往地面比空中小。降水的雨量等级标准如表 3.1 所列。

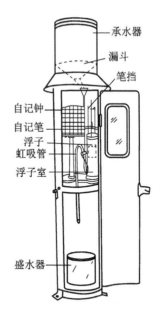

承水器

漏斗

笔挡

自记钟

自记笔

浮子

虹吸管

浮子室

盛水器

图 3.20　虹吸式雨量计

表 3.1　雨量等级标准

等　级	降水强度/(mm／日)
小　雨	<10
中　雨	10~25
大　雨	25~50
暴　雨	50~100
大暴雨	100~200
特大暴雨	>200

3.3.1.3　降水的形成

1）暖云中降水的形成

暖云中的降水,主要是由云滴相互碰并造成的,云滴总是有大有小,当它们下降时,大的降得快,小的降得慢。降落快的大云滴追上降落慢的小云滴,发生碰并作用,从而壮大了云滴。当云滴随气流上升或随湍流做不规则运动时,也会发生碰并作用。因此大云滴不断壮大,当上升气流托不住时,就下降为雨。

2）混合云中降水的形成

混合云中降水的形成，除云滴间的碰并作用外，还与水滴和冰晶之间的饱和水汽压不同有关。在相同温度下，冰面的饱和水汽压小于过冷水面的饱和水汽压。当混合云中实有的水汽压大于冰面的饱和水汽压，但又小于过冷水面的饱和水汽压时，水滴出现蒸发，冰晶出现凝华，于是产生水滴减小、冰晶增大的现象，称为冰晶效应。当云滴大到一定程度就下降为雨或雪。

下雨还是下雪，完全取决于云中和云下的温度。当云中和云下温度都在0℃以上时，若有降水肯定是雨或毛毛雨。当云中温度低于0℃而云下温度高于0℃时，从云中降下的冰晶、雪花可能在途中融化成雨滴。飞机在空中遇到下雪，回到地面却看到下雨，就是这个道理。当云中和云下温度都低于0℃时，就是下雪。

在强烈发展的积雨云中有时会下冰雹，如图3.21所示。冰雹直径一般为几毫米至几厘米，大的可达20～30cm。冰雹中心有一个雹核，外面常包着若干层（一般有3～5层）透明和不透明相间的冰层。这种结构与积雨云中的温度、含水量以及强烈的升降气流有关。当雹核进入云中温度很低、含水量小的区域时，过冷水滴很快在冰核上冻结，其间夹杂着一些空气，因而形成不透明的冰层。这种增长过程称为冰雹的"干"增长。当雹核降到云中温度较高、含水量大的区域时，捕获了大量过冷水滴，水滴冻结时释放出的潜热能使雹核表面形成一层水膜，然后较缓慢地冻结，由于冰层中没有夹杂空气，因而形成透明的冰层，这种增长过程称为"湿"增长。此外，当冰雹落到温度高于0℃的区域时，原有的冰层会

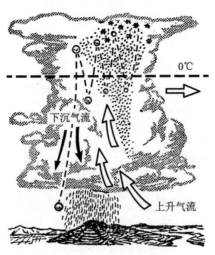

图3.21　冰雹的形成

融化,同时又碰并了许多水滴,当它随强的上升气流到低于 0℃的区域时,也会冻结成透明的冰层。由于积雨云中气流有升有降,冰雹在云中也时升时降,升降的次数越多,冰雹的透明和不透明相间的层次也越多,冰雹也就越大。

冰雹是具有相当质量的固体,其降落速度比较快,一个直径 2cm 的冰雹,降落速度可达 19m/s。如果直升机(无论在空中还是在地面)被它击中,将是十分危险的。

3.3.2　降水对飞行安全的影响

降水对飞行有多方面的影响,其影响程度主要与降水强度和降水种类有关。

3.3.2.1　降水使能见度减小

降水使能见度减小,减小程度主要与降水强度、种类及直升机的飞行速度有关。降水强度越大,雨滴越大或越密,能见度就越差,雨中飞行时,通过座舱两侧玻璃向外看,能见度要比向正前方看好一些。雪中飞行能见度比雨中飞行差得多,如表 3.2 所列。由于毛毛雨雨滴小、密度大,其能见度也很差,一般与降雪时相当。有的小雨密度很大,也可能使能见度变得很差。

表 3.2　降水中的地面能见度

降水种类和强度	大雨	中雨	小雨	大雪	中雪	小雪
地面能见度/km	<4	4~10	>10	<0.5	0.5~1	>1

降水中飞行时,飞行员从空中观测的能见度比地面观测的减小很多,主要是由于降水使座舱玻璃附着水滴或雪花,折射光线使能见度变坏,以及机场目标与背景亮度对比减小。如降小雨或中雨时,地面能见度一般大于 4km,在雨中飞行时,如速度不大,空中能见度将减小到 2~4km;速度很大时,空中能见度会降到 1~2km 以下;在大雨中飞行时,空中能见度只有几十米。

3.3.2.2　过冷水滴造成直升机积冰

直升机在有过冷水滴的降水(如冻雨、雨夹雪)中飞行,由于过冷水滴极不稳定,一旦接触到机体表面,会立即冻结成冰。而且雨滴比云滴大得多,所以积冰强度也比较大,冬季在长江以南地区飞行最容易出现这种情况。

3.3.2.3　大雨和暴雨能使发动机熄火

在雨中飞行时,如果雨量过大,发动机吸入雨水过多,点火不及时也有可能造成发动机熄火,特别是在直升机处于着陆低速阶段,更要提高警惕。

3.3.2.4　大雨恶化直升机气动性能

大雨对直升机气动性能的影响主要来自以下两方面:

1）空气动力损失

雨滴打在直升机上使机体表面形成一层水膜。气流流过时,在水膜上引起波纹,同时雨滴打在水膜上,形成小水坑。这两种作用都使机体表面粗糙度增大,改变了旋翼桨叶和机身周围气流的流型,使直升机阻力增大,升力减小。计算表明机身和旋翼桨叶两者的阻力增加 5%~20%。

2）直升机动量损耗

雨滴撞击直升机时,将动量传给直升机引起直升机速度变化。雨滴的垂直分速度施予直升机向下的动量,使直升机下沉;雨滴对直升机的迎面撞击则使之减速。直升机在大雨中着陆时,其放下的起落架和飞行姿态使得水平动量损失更为严重,可能使直升机失速。

3.4 低能见度现象的识别及其对飞行安全的影响

能见度反映飞行员的视程大小,关系着直升机能否正常起飞和着陆,是决定能否正常执行飞行任务的重要依据之一。低空飞行时,能目视看清地标对飞行安全尤为重要。所以,掌握低能见度现象的状况及其变化规律,对保障飞行安全有重要意义。

3.4.1 能见度的影响因素

一般所说的能见度有两种含义:一是指视力正常的人能分辨出目标物的最大距离;二是指一定距离内观察目标物的清晰程度。

航空活动中,飞行人员需要观察地标、障碍物、其他飞行物和灯光等目标物,并分辨出它们的种类、判断出它们的位置。要分辨出目标物,最基本的条件是要看清目标物的轮廓。因此,航空上使用的能见度定义为:视力正常的人在昼间能看清目标物轮廓的最大距离,在夜间则是能看清灯光发光点的最大距离。凡是看不清目标物轮廓,分不清是什么目标物,或者目标灯发光点模糊、灯光散乱等,都不能作为"能见"。

3.4.1.1 昼间能见度的影响因素

在白天,我们主要是观察不发光的目标物,而在夜间主要是观察灯光目标物(如跑道灯等)。因此能见度又有昼间能见度与夜间能见度之分,它们的影响因素也有差异。

白天观察不发光的目标物时,能否分辨出目标物,就是能否把目标物与其背景分开,这主要取决于以下因素。

1) 目标物与其背景间的亮度对比

目标物有一定的亮度,其背景也有一定的亮度。目标物与其背景间亮度对比越大、颜色差异越大,我们就越容易把目标物从其背景中识别出来。因此,有一定的亮度对比,是我们能看见东西的条件之一。要注意的是,由于大气分子对光线的散射作用,在一定距离以上观察目标物时,目标与背景的颜色差异已被冲淡,主要是亮度对比起作用。

2) 大气透明度

目标物与其背景间的亮度对比要被大气分子及大气中的杂质削弱,这是因为大气分子及杂质有吸收和散射来自目标物及其背景的光线的作用,同时它们本身在阳光照射下也具有一定的亮度,这一亮度附加在目标物及其背景的亮度上,也会使观测者感觉到的亮度对比减弱。大气中杂质越多,大气透明度越差,对亮度对比的削弱作用越强。

3) 亮度对比视觉感阈

从以上的讨论可知,一定的原有亮度对比,随着观察距离的增加和大气透明度的减小,观察者感觉到的亮度对比(视亮度对比)会越来越小,直至最后趋近于零。事实上,当视亮度对比减小至零以前的某个值时,观察者的视觉就已经不能把目标物从其背景中辨别出来了。我们把从"能见"到"不能见"这一临界视亮度对比值称为亮度对比视觉感阈。

对于视力正常的人,亮度对比视觉感阈的大小与目标物视角、视野亮度、观测者的精神状态等因素有关。例如,在昼间观察视角等于或大于 20′(相当于在 15km 的高度看"T"字布的视角)的目标时,亮度对比视觉感阈约为 0.05,即这时只有当视亮度对比在 0.05 以上才能看见目标。亮度对比视觉感阈的大小基本不随目标物视角的变化而变化。但对于视角小于 20′的目标物,亮度对比视觉感阈将随目标物视角的减小而急剧增大。如果视野亮度相比正常情况过大或过小,例如白天向阳飞行(视野亮度过大)或黄昏、拂晓和夜间飞行(视野亮度过小),视觉感阈都会显著增大。驾驶员的精神因素对视觉感阈也有重要影响,如大气条件不好,驾驶员心情过于紧张时,视觉感阈增大,本来能看清的目标也看不清了。

3.4.1.2　夜间灯光能见度的影响因素

夜间飞行时主要是观察灯光目标,影响灯光能见度的因子主要有以下 3 种。

1) 灯光发光强度

在其他条件相同时,灯光越强,能见距离越大。

2) 大气透明度

在相同的灯光强度下,大气透明度越差,灯光被减弱得越多,能见距离就越小。

3）灯光视觉感阈

指观测者能感觉到的最小照度。对视力正常的人来说,灯光视觉感阈主要随灯光背景的亮度和观测者对黑暗的适应程度而变化。灯光的背景越亮,对灯光的视觉感阈就越大,发现灯光就越困难。所以,夜间灯光能见度暗夜要比明夜(如有月光)好,夜间要比黄昏、拂晓好。当我们刚从亮处进入黑暗环境时,由于眼睛不能立即适应,对灯光的视觉感阈还很大,一般要经过 10~15min 才能减小。

3.4.2 能见度的观测

能见度分地面能见度(又称气象能见度)和空中能见度(又称飞行能见度)两类。

3.4.2.1 地面能见度观测

地面能见度,是指昼间以靠近地平线的天空为背景的视角大于 20′的地面灰暗目标物的最大距离。

由于观测地面能见度所选用的目标是视角大于 20′的地面灰暗目标物,目标和天空背景间原有的亮度对比值接近 1。白天观测这些大目标时,亮度对比视觉感阈也基本稳定。因此,气象能见度是在假定目标与背景原有的亮度对比和视觉感阈都比较标准的条件下观测的能见度,基本上只受近地面水平方向大气透明度的影响。如大气混浊,有视程障碍现象出现时,大气透明度变差,地面能见度就变坏。为了便于比较和应用,航空气象报告中统一使用气象能见度。

观测气象能见度时,观测点应选在视野开阔、能看到全部跑道的地方。事先必须在观测点周围各方向上的不同距离处,选定若干灰暗的较大固定目标,并测出它们与观测点之间的距离,作为观测能见度的依据,如图 3.22 所示。

气象台提供的天气实况、天气图及飞行天气报告表中的能见度,以及本书所述的能见度,若无特殊说明确定能见度的代表值和最小能见度,指的都是能见度的代表值。

若各方向能见度不同时,应确定能见度代表值(又称有效能见度)和最小能见度。

能见度代表值,是指观测点四周一半以上视野内都能达到的最大能见距离。其方法是,将各方向能见度不同的区域划分成相应扇区,然后将各扇区按能见度由大到小逐一相加,直到范围刚好超过一半的那个扇区的能见度即为有效能见度,在观测站各方向的能见度中最小的那个能见度为最小能见度。如图 3.23

所示,有效能见度为 3km。最小能见度为 2.4km。

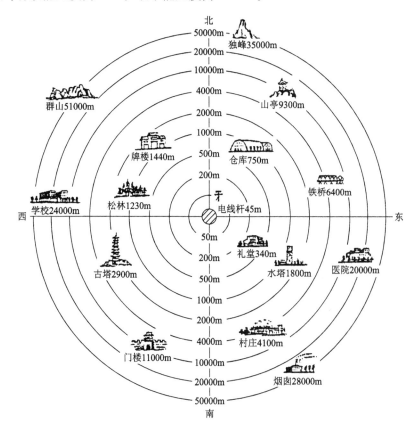

图 3.22 能见度目标物分布

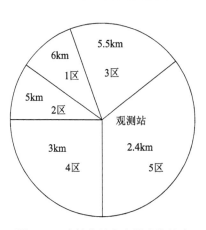

图 3.23 有效能见度和最小能见度

3.4.2.2　空中能见度观测

空中能见度称为飞行能见度,是指在航空活动中,从空中观测目标时的能见度。按观测方向的不同,空中能见度可分为空中水平能见度、空中垂直能见度和空中倾斜能见度。

影响空中能见度观测的因素很多,空中观测相对困难。飞行过程中所观察的目标物及其背景是在不断变化的,所经大气的透明度也在随时变化。因此对空中能见度一般不作观测,只大致估计其好坏。当空气混浊、大气透明度差时,可进行垂直能见度的观测,其数值等于直升机爬升到开始看不清地面较大目标物或直升机下降到刚好能看见地面较大目标物时的高度。

1) 空中能见度的特点

与地面能见度相比,空中能见度有以下特点:

(1) 空中能见度小于实际能见距离。直升机与观测目标处于相对运动中,目标的轮廓在不断变化,加之座舱玻璃对光线的影响,增加了观测目标的困难,使能见距离减小。背景复杂多变,目标与背景的亮度对比通常比气象能见度规定的要小,也使能见距离减小。

(2) 随观测位置不同而变化。由于直升机位置的不断变化,其所经大气的透明度会有很大差异,观察的能见度会出现时好时坏的现象。如图 3.24(a)所示,直升机在 A、B、C 各处观测的空中能见度就不同;在图 3.24(b)中,机场被雾笼罩,直升机在雾层上垂直向下观察跑道时,由于视线通过雾层的距离短,跑道可能看得比较清楚。但当直升机开始下滑时,由于视线通过雾层的距离变长,就可能看不清跑道了。

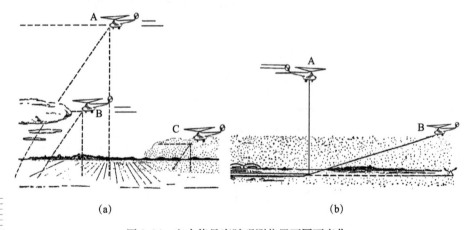

(a)　　　　　　　　　　　　　　　(b)

图 3.24　空中能见度随观测位置不同而变化

2）在地面估计空中能见度的方法

在飞行前,我们可根据某些与大气透明度有关的现象,大致判断空中能见度的好坏。

（1）看天空颜色。天空蓝色越深,空中能见度越好;天空呈黄色、白色或天空混浊不清,说明空中固体杂质多,有浮尘、烟层、霾层等,空中能见度不好。如果天空发红,表示水成物粒子多,空中能见度差。

（2）看日、月、星辰的颜色。早晨或傍晚太阳呈红色,说明空中水汽凝结物或尘埃多,能见度不好;白天太阳呈白色,不刺眼,说明空中尘埃多,能见度差。月亮皎洁星光明亮,说明空中能见度好;月亮呈红色或淡黄色,或星光暗淡,表示空中有浮尘或霾,能见度差。

（3）观察云块结构的清晰程度。云块结构越清晰,空中能见度越好。

（4）雨后天空如洗,空中能见度好,久暗不雨则差。

3.4.3　低能见度现象对飞行安全的影响

大气中存在着固体和液体杂质,它们在一定条件下常聚积起来形成各种天气现象影响大气透明度,使能见度减小,造成低能见度的天气现象主要有雾、霾和风沙等天气。了解低能见度现象的形成、演变规律和特点,对识别低能见度现象,掌握能见度的变化极为重要。

3.4.3.1　雾

悬浮于近地面气层中的水滴或冰晶,使地面能见度小于1km的现象称为雾。能见度在1~5km之间时称为轻雾。雾是地上的云,云是天上的雾,雾被抬升后,就形成云。

影响雾中能见度的因子主要是雾滴的浓度和大小。雾滴越小,雾的浓度越大,雾中能见度越差。雾中看灯光时,光源波长越长,能见度越好。

形成雾的机制是近地面空气由于降温或水汽含量增加而达到饱和,水汽凝结或凝华而形成雾。我们可根据近地面气温露点差来判断是否能形成雾,当 $t-t_d \leqslant 2℃$ 时,就可能形成雾。

雾的厚度变化范围较大,一般为几十米到几百米,厚的可达1km以上,厚度不到2m的雾称为浅雾。根据雾的具体形成方式,又可将其分成辐射雾、平流雾、上坡雾、蒸发雾等几种类型。

1）辐射雾

由地表辐射冷却而形成的雾称为辐射雾。在我国,辐射雾是引起低能见度的一种重要天气现象,常常严重影响直升机起降。辐射雾的形成需要具备晴朗的夜空(无云或少云)、微风(风速一般为1~3m/s)、近地面空气湿度大等条件,在这些条件下,地表辐射冷却快,近地层空气降温多,容易形成低空逆温层,使水汽聚集其下而不易扩散,因而容易达到饱和而形成雾。

辐射雾季节性和日变化明显。我国辐射雾多出现于秋冬季,因为秋冬季夜间长、晴天多、辐射冷却量大。辐射雾一般多生成于下半夜到清晨,日出前后最浓。此后随着气温的升高或风速的增大,雾逐渐消散,地面能见度也随之好转。但有时如果雾比较浓,逆温层又被迅速破坏,也可能抬升成低云。

辐射雾地方性特点显著。辐射雾多产生于大陆上潮湿的谷地、洼地和盆地。如我国的四川盆地就是有名的辐射雾区,特别是重庆,年平均雾日达 150 天以上。

辐射雾范围小、厚度不大、分布不均。辐射雾一般形成于陆地上的潮湿的低洼地区,所以范围较小。其厚度可从数十米到数百米,且越接近地表越浓。

2) 平流雾

暖湿空气流到冷的下垫面经冷却而形成的雾称为平流雾。我国沿海地区的平流雾多为海面上的暖湿空气流到冷地表而形成的。南方暖海面上的暖湿空气流到北方冷海面上,也能形成平流雾(海雾)。

平流雾形成需要具备适宜的风向风速,风向应由暖湿空气区吹向冷下垫面区,风速一般在 2~7m/s 之间,暖湿空气与冷下垫面温差显著,以及暖湿空气的相对湿度较大。当暖湿空气流经冷的下垫面时,在温差较大的情况下,其下部空气便逐渐降温,并形成平流逆温,在逆温层下部,水汽首先凝结成雾,随着逆温层的发展,雾也向上发展,最后形成较厚的平流雾。

平流雾季节变化与辐射雾相反,呈现出春夏多、秋冬少的特点。日变化不明显,只要条件适合,一天中任何时候都能出现,条件变化后,也会迅速消散。但总体而言,以下半夜至日出前出现最多。

平流雾来去突然。沿海地区,如果风向为由暖海面吹向冷陆地,则平流雾即可很快形成,短时间内迅速覆盖整个机场;一旦风向转变,雾就会迅速消散。因此,春、夏季节在沿海地区飞行时,要注意海上天气的变化,特别是风向的变化。

平流雾范围广、厚度大。水平范围可达数百千米以上,厚度最大可达 2000m。

3) 雾对飞行安全的影响

在辐射雾上空飞行,往往可见地面高大目标,甚至可见跑道,但在下滑着陆时,由于视程变长,能见度明显降低。平流雾对飞行的影响比辐射雾的影响大。平流雾来去突然,不好预测,在平流雾上空飞行,很难看见地标,平流雾遮盖机场时,着陆极为困难。

总体而言,在有雾的情况下,不要存在侥幸心理,冒险着陆。在飞行过程中,尤其是夜航,要注意观察和判断雾的生成和移动。如果直升机尚未落地雾已覆盖机场,这时应判明雾的性质、厚度、浓度。若是厚度较薄的辐射雾,不久将消散,直升机有足够的油量,可在飞行指挥员的指挥下,在空中盘旋等待。否则,应飞向天气较好的备降场着陆。飞行员要特别注意向阳进近时雾对能见度的影响。在飞行中常会遇到如下情况:地面气象报告轻雾,能见度为 4～5km,直升机通过机场侧方时能见跑道,机组据此判断可以做能见起落落地,但在实施能见起落过程中,发现四转弯进入及五边改出后由于向阳看不见跑道,如无思想准备,不及时参考仪表指示,将造成短五边修正相当困难,或被迫复飞。因此,在这种气象条件下,向阳着陆时,稳妥的办法是老老实实按仪表进近着陆。

3.4.3.2　烟幕

大量烟粒聚集在空中,使水平能见度等于或小于 5km 的现象称为烟幕。它呈灰色或黑色,透过烟幕看太阳,太阳呈红色或淡红色。

1) 烟幕的形成

形成烟幕一般要有大量的烟粒来源,低层有逆温层存在,地面风速小(一般小于 3m/s),如图 3.25 所示。当 3 个条件都存在时,就有利于烟粒聚集形成烟幕,而风向则可以决定烟幕的传播方向。烟幕在一日中以早晨为多,常和辐射雾混合而成为烟雾,一年中则以冬季最常见。

图 3.25　烟幕的形成

2) 烟幕的识别

靠近烟幕的机场,风向的突变会造成能见度突然转坏,影响直升机的起飞和着陆,有时会危及飞行安全。所以注意风向的变化,是判断机场是否受烟幕影响的关键。机场附近有烟幕,应注意以下几点。

（1）了解机场附近的化工、热力等可能产生烟幕的工厂的分布和运行情况，掌握飞行区域附近可能受烟幕影响的区域，合理制定飞行计划。

（2）每次飞行前要了解当日的气象信息，特别是风向风速的信息，根据烟幕的产生和风向判断烟幕移动过程中所影响的区域，组织有经验的飞行员在空中侦察天气，空中其他飞行员也应注意观察其动向，如发现移近机场时，要及时向指挥员报告，飞行时要尽量保持在烟幕范围的上风方向。

（3）如实在无法避开而进入烟幕时，飞行员要减少对外观察，按照仪表飞行，并向上风方向尽快脱离烟幕区。

（4）如果烟幕笼罩机场，飞行员无法进行目测着陆，应充分利用各种地面导航设备、着陆雷达和辅助灯光。昼间使用探照灯时，注意将着陆灯光源调至散光和适当角度对向直升机进近下滑方向，有助于飞行员尽早发现跑道。

（5）烟幕中飞行，机组人员要注意加强对发动机工作状态和参数的监控，做好发动机停车的预想和处置准备。

3.4.3.3　霾

大量微小的固体杂质（包括尘埃、烟粒、盐粒等）浮游在空中，使水平能见度等于或小于 5km 的现象，称为霾。霾出现时，远山、森林等深色景物呈浅蓝色，太阳呈淡黄色。

有霾时，地面能见度往往不一定差（单独的霾一般很难使地面能见度小于 1km），但空中能见度却很差。

在霾层中飞行，由于空气混浊，同时霾粒反射蓝光的能力较强（高度越高，太阳辐射的蓝光成分越多），远处灰暗目标物体好像蒙上了一层淡蓝色的纱幕，难以识别；在霾层上飞行，看不清地面，而在地面可以看到上面飞行的直升机，造成目标暴露；飞行员还容易把远处霾层顶误认为天地线，产生错觉，发生飞行事故。如在霾中飞行产生天地线错觉，飞行员要立即转入仪表飞行，尽量减少对外观察，严格按照仪表指示保持好飞行状态，待错觉消失后再正常转入目视飞行。

3.4.3.4　风沙

被强风卷起的沙尘使能见度小于 5km 的现象称为风沙，其中能见度小于 1km 的称为沙（尘）暴，水平能见度等于或小于 5km 的称为扬沙。

形成风沙必须具备两个条件：强风（一般为 10m/s 以上的风）和地面土质干松。春季，我国西北、华北地区，土地解冻，草木不盛，大风日数又多，最有利于风沙的形成。

在风沙区，常常是天空发黄、不见日光，能见度可以变得很差；在风沙区飞行,不仅能见度差,而且沙粒进入发动机会造成机件磨损、油路堵塞等严重后果;沙粒对电磁波的衰减,以及沙粒与机体表面摩擦而产生的静电效应,还会严重影响通信。

飞行需要注意的问题有以下几点:

(1)沙尘天气一般多发生于春秋两季,飞行前要根据季节特点和天气情况,指挥组要掌握好飞行条件。

(2)在沙尘天气中起飞,加大发动机功率要迅速,离地要快。如果功率允许,直升机应尽力升高迅速脱离扬沙范围增速起飞。因此,飞行前还应计算好载重量。

(3)在已形成沙尘区域的场地进行悬停、起降时,由于旋翼尾流对地表产生冲击、卷扬作用,会使能见度显著变差,出现“采矿效应”。因此,禁止在没有垂直和水平能见的情况下进行悬停、机动和垂直起飞着陆。

(4)在沙尘天气条件下进行多机跟进飞行时,应注意互相间观察。由于沙尘大,停空时间长,能见度差,直升机之间的间隔距离应更大。

(5)飞行中,机组要监控好发动机状态,注意由于发动机吸入沙尘而造成的动力损失和燃料损失。

(6)在沙尘中着陆时,有防尘装置的直升机必须提前打开防尘装置,机组成员还应弄清着陆场地的平坦程度和障碍物情况。

3.4.3.5　浮尘

细小的尘粒浮游在空中使水平能见度等于或小于 5km 的现象称为浮尘。浮尘是风沙的伴生现象。大风停息后,浮尘可以随空中风飘移到较远的地区。我国黄土高原一带的浮尘,有时可以飘到江淮平原和四川盆地。

浮尘对飞行的影响与霾相似,主要影响空中能见度。由于浮尘质点比霾大,主要散射长波光线,远处景物、日月常呈淡黄色。

3.4.3.6　吹雪

地面积雪被强风卷入空中,使水平能见度等于或小于 5m 的现象称为吹雪。吹雪所及高度低于 2m 的,称为低吹雪;吹雪所及高度在 2m 以上的,称为高吹雪。有时在降雪同时也有吹雪,二者混为一体,雪花漫天飞舞,这种现象称为雪暴。

形成吹雪的条件,除地面有大风外,地面积雪必须是干松的。如果雪面积冰或者是湿的,就难以形成吹雪。因此,吹雪多在冬季产生于我国北方,特别是东北地区最常见。

吹雪中能见度很差,雪暴可能使能见度减小到几十米,对飞行危害很大;吹雪一般只影响直升机起落,雪暴则对所有目视航空活动都有很大影响。

表3.3列出了造成低能见度的天气现象的符号。

表3.3 造成低能见度的天气现象的符号

天气现象	雾	轻雾	烟幕	霾	扬沙	沙暴	浮尘	低吹雪	高吹雪
表示符号	☰	=	⌒	∞	$	S	S	⬇	⬆

第4章　重要危险天气的预判及其对飞行安全的影响

低空风切变、雷暴、积冰等重要危险天气不仅影响直升机飞行活动,有时还会严重威胁飞行安全。危险天气对飞行影响取决于天气的强度,但有时也取决于处置正确与否,因此飞行员是否能够结合危险天气形成机理,得出预判方法,对于避开危险天气区,保障飞行安全有着至关重要的作用。

4.1　雷　暴

乌云翻滚、电闪雷鸣、风雨交加的恶劣天气,称为雷暴。它是积雨云发展到很旺盛阶段产生的现象,人们常把能产生电闪雷鸣的积雨云称作雷暴云。雷暴云中强烈的升降气流,云下的狂风暴雨、下击暴流,雷雨区域极低的低云和恶劣的能见度,云里云外的强大电场以及强烈的积冰和冰雹,都会严重地危及飞行安全。飞行人员常称它是"飞行的敌人"。飞行条令也明确规定,"禁止在雷暴区或积雨云中飞行"。

雷暴是飞行安全的大敌,因为雷暴几乎包含了影响飞行安全的各种天气——颠簸、积冰、冰雹、闪电、强降水、地面阵风、低空风切变,有时还伴有低碎云和低能见度。禁止在雷暴区或积雨云中飞行,是飞行人员必须懂得的基本常识和严格遵守的规定,但由于种种原因飞行中误入雷暴云的事例时有发生。雷暴是一种严重威胁飞行安全的天气,所以在各种对流性天气中,我们首先介绍雷暴。

4.1.1　雷暴的形成机理

大量的不稳定能量、充沛的水汽和足够的冲击力是形成雷暴的基本条件。在大气中能引起上升运动作为冲击力的主要有锋面、低涡、槽线、切变线、热带气旋等天气系统和地形引起的抬升运动或由于太阳辐射不均所引起的热力抬升作用,这些都能在合适的条件下产生雷暴等强对流天气。

雷暴是由强烈发展的积雨云产生的,形成强烈的积雨云需要具备如下条件。

1) 深厚而明显的不稳定气层

雷暴是一种强烈的对流性天气,深厚而明显的不稳定气层具有大量的不稳定能量,为强烈对流的发展提供了充足的能源。

2) 充沛的水汽

充沛的水汽,一方面是形成庞大的积雨云体,有兴雨降雹的物质基础;另一方面,水汽凝结时释放出的潜热也是能量的重要来源。雷鸣、闪电及强风所需的能量都是从云中水汽凝结时释放的潜热中得到的,所以在某种意义上,雷暴是自我发展的:产生的降水越多,被释放到雷暴中的能量也越多。

3) 足够的冲击力

大气中不稳定能量和水汽的存在,只具备了发生雷暴的可能性,要使其可能变为现实,还需要有促使空气上升到达自由对流高度以上的冲击力,这样,不稳定能量才能释放出来,上升气流才能猛烈地发展,形成雷暴云。大气中的冲击力有地表受热不均、地形抬升、锋面、气旋、槽线、低涡等天气系统所引起的辐合上升运动等。

产生雷暴的 3 个条件在不同情况下侧重点不同。在潮湿的不稳定气团中,能否形成雷暴主要看有没有足够的冲击力;在山区,抬升作用经常存在,是否有雷暴产生就主要看有没有暖湿不稳定气层;在夏季,发生雷暴之前常常使人感到十分闷热,就说明大气低层气温高,层结不稳定,水汽含量大,这时,如果有冲击力的作用,就可以产生雷暴。

4.1.2 普通雷暴的形成和发展

雷暴云根据其形成、结构、强度、持续时间及其带来的危害,可分为普通雷暴和强烈雷暴。

4.1.2.1 普通雷暴单体的生命史

构成雷暴云的每一个积雨云称为雷暴单体。雷暴单体是一个对流单元,它是构成雷暴云的基本单位。由一个或数个雷暴单体构成的雷暴云,其强度仅达一般程度,这就是普通雷暴。

根据垂直气流状况,雷暴单体的生命史可分为 3 个阶段,即积云阶段、积雨云阶段和消散阶段,如图 4.1 所示。

1) 积云阶段

积云阶段又称发展阶段,即从形成淡积云到发展成浓积云的阶段,如图 4.1(a)

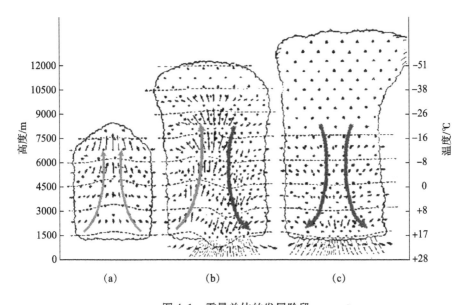

图 4.1　雷暴单体的发展阶段
(a)积云阶段;(b)积雨云阶段;(c)消散阶段。

所示。这个阶段的特征如下。

（1）内部都是上升气流,并随着高度的升高而增强,最大上升气流在云的中、上部。云的下部四周有空气辐合进入云中,空气从云底被吸入单体内部,空气中的水汽在逐步凝结的过程中释放潜能,促使上升气流在上升过程中不断加强。

（2）因为大量水汽在云中凝结并释放潜热,所以云中温度高于同高度上四周空气的温度。

积云阶段雷暴云体中云滴大多由水滴构成,并且一般没有降水和闪电。

2）积雨云阶段

积雨云阶段又称成熟阶段,即从浓积云发展成雷暴云阶段,如图 4.1(b)所示。

这一阶段的积雨云云顶发展很高,可超过冻结高度。云内不仅有上升气流,而且还有下沉气流。上升气流最强可达 20~30m/s,最大曾观测到 63m/s。下降气流为 10~15m/s。由于从云中下降的冷空气随雨一起倾泻到地面,并迅速向四周扩散,使得近地面层的空气也由原来向云内汇合转为向云外流散。强烈的乱流、颠簸、雷电、暴雨、冰雹和积冰等恶劣天气多在这一阶段出现。

成熟阶段是雷暴单体发展最强盛的阶段,其主要特征如下:

（1）云中除上升气流外,局部出现有系统的下降气流;

（2）上升气流区温度比周围高，下降气流区温度比周围低；

（3）降水产生并发展；

（4）强烈的湍流、积冰、闪电、阵雨和大风等危险天气主要出现在这一阶段。

同时，在云的上部，0℃等温线以上，云还在继续发展。假如云顶足够高，层顶将像"铁砧"一样向外扩张，从云砧我们判断高空风的走向。

3）消散阶段

成熟阶段出现的下降气流在雷暴云下面形成低空外流，从底部切断了上升空气和暖湿空气的来源，当降水增强时上升气流逐渐减弱，从而削弱了云的垂直发展。下降气流遍布云中，雷暴单体就进入消散阶段，如图4.1（c）所示。这时云中等温线向下凹，云体向水平方向扩展，强降水和云向水平方向发展的综合作用，使云体趋于瓦解和消散，最后只剩下高空残留的云砧或转变为其他性质的云体，如伪卷云、积云性高积云、积云性层积云。

一般雷暴单体的水平尺度为5~10km，高度可达12km，生命期约1h。

到现在为止，我们所讨论的情况都是假设在积雨云的整个发展阶段中气流都保持垂直。然而，假如在云中随高度上升，风在改变，那么积雨云云轴将会倾斜，在云内和云外的垂直运动将产生很强的向前的下降气流。这种强烈的下降气流的作用可以在积雨云的底部形成阵风锋。这个阵风锋反过来激发出一个新的雷暴，整个循环又重新开始。

一个普通雷暴云有时只有一个雷暴单体，有时则由几个雷暴单体簇集而成，各个雷暴单体往往处在不同的发展阶段，如图4.2所示。各雷暴单体聚集在一

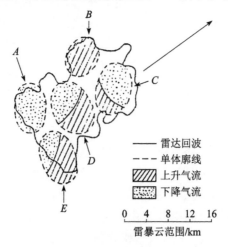

图4.2　由几个单体组成的雷暴云

A—雷暴单体处于消散阶段；*B*—雷暴单体处于积云阶段；*C*、*D*、*E*—雷暴单体处于发展阶段。

起,不断地形成和消散,从环境中吸取空气。因此,尽管每个单体的生命时间有限,但一个多单体雷暴云作为一个整体来看,却可以存在几小时直到最后一个单体消失,不再产生单体时,雷暴过程才算结束。

4.1.2.2　普通雷暴过境时的地面天气

雷暴过境时近地面气象要素和天气现象会发生急剧变化,常常给直升机起降造成严重影响,如图 4.3 所示。

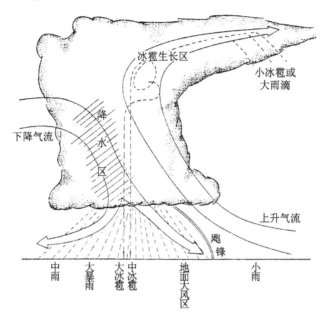

图 4.3　雷暴过境时地面气象要素的变化

1) 气温

雷暴来临之前,由暖湿不稳定空气控制,地面气温高,湿度大,使人感到闷热。待雷暴来临,一阵强风吹来,气温顷刻就下降了,随降水倾泻下来的冷空气更使气温骤降。这种下降气流在积雨云下形成一堆向四周散开的冷空气,通常称为冷空气丘,它可以扩展到距雷暴中心 20km、30km 远的区域,大大超过降水范围,在冷空气丘的范围内都能引起降温,在下降气流区正下方,即雨区中心,降温值最大。

2) 气压

在成熟雷暴移来之前,气压一直是下降的。当雷暴临近时,气压开始上升,冷空气丘到达时开始急升,气压最大值在下降气流中心;当下降气流中心移过后气压又转为急降,在气压廓线上呈现出一个明显的圆顶形气压鼻。

3）风

在积云阶段或雷暴移来之前,一般风速较小,风向是向云区辐合的,为雷暴发展提供上升气流。雷暴云发展到成熟期或成熟的雷暴移来时,风向会突然改变,风速急剧增大,阵风可达 20m/s 以上。在冷空气中心移过后,风向会向相反方向偏转,风力减弱。

4）阵雨

阵风后,降水就开始了。雷暴降水一般是强度较大的阵雨,通常在雷暴活动时突然发生,往往是先撒下一些稀疏的大雨滴,接着便是滂沱大雨。这些阵雨的持续时间虽短,但会严重影响能见度。降水强度最大区域仍在下降气流中心下方,降水持续时间和单体成熟阶段持续时间大致相同,为 15~20min,如果有新的单体成熟,则降水又重复出现。

5）雷电

雷鸣和电闪只有在云发展得足够高而有冰晶出现时才发生,雷暴云中,云与地面、云与云间都会出现闪电。

4.1.3 强雷暴的结构和天气

如果大气中存在更强烈的对流性不稳定和强的垂直风切变,就会形成比普通雷暴更强、持续时间更长(几小时到十几小时)、水平尺度更大(几十千米)的强雷暴。其天气表现也剧烈得多,常伴有冰雹、龙卷等灾害性天气。

4.1.3.1 强雷暴云的结构

强雷暴云的结构表现为云体内有稳定、强大的升降气流,图 4.4 所示为强雷暴云的气流结构。强大的上升气流来自近地面层的暖湿气流,通常从云体的右前侧流入。进入云体后倾斜上升,在云体中部上升速度最大可达 20~30m/s。上升气流到达对流顶附近减弱并分为 3 支气流:第一支气流按惯性向云体后方运动,但因与高空风方向相反,便很快减弱下降;第二支气流可伸展到平流层低层,造成云顶突出的云塔;第三支气流则随高空强风吹向云体前方远处,形成向前延伸的云砧。

下降气流常由两部分组成:一部分是降水拖拽作用带下的下沉气流;另一部分则是对流层中层云外流入的干冷空气,由于这部分干冷空气具有较大的速度,能有力地楔入上升气流下方,使之成准定常倾斜状态。下沉气流在云底形成低空外流,朝前的这一部分最强大,对前方近地面暖湿空气起强烈的抬升作用,其余的向云后和两旁流出。

强雷暴云的这种气流结构,使上升气流和下降气流能同时并存且维持相当长时间,避免了一般雷暴云中,下沉气流抑制并取代上升气流的趋势,因而强烈

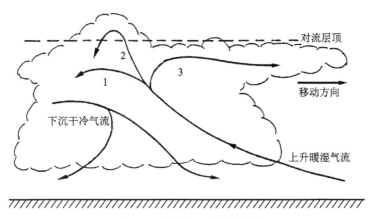

图 4.4　强雷暴云的气流结构

雷暴能维持稳定强大达几小时之久。

4.1.3.2　强雷暴过境时的地面天气

强雷暴过境时,各种气象要素的变化比普通雷暴大得多,并可能出现飑、冰雹、龙卷、暴雨等灾害性天气中的一种或几种。

1)飑

气象上把大气中风突然急剧变化的现象称为飑。在飑出现时,风向急转,风速剧增,往往由微风突然增强到风暴程度(8 级以上)。在强雷暴云下,速度极大的下降气流到达地面后向四周猛烈扩散,与前方上升的暖湿空气之间形成一个陡然的分界面,有点类似冷锋,称为飑锋。随着飑锋来临,各种气象要素发生剧烈变化。例如,1974 年 6 月 17 日强烈雷暴侵袭南京,飑锋过境时,地面瞬时风速达 38.8m/s,10min 内气温下降了 11℃,相对湿度上升 29%,1h 内气压涌升 8.7hPa。

2)冰雹

冰雹是由强雷暴云产生的,但强雷暴云不一定都能产生冰雹(图 4.5)。因为冰雹的形成要求在雷暴云内有合适的冰雹生长区。冰雹生长区需要有合适的含水量、气温和上升速度等条件。在强雷暴云中生成的冰雹,大的或中等的一般降落在飑锋后的大风区,而一些小冰雹则会随斜升扭转气流沿砧状云顶抛出,落在离雷暴云体几千米以外的地方。

3)龙卷

从积雨云中伸展出来的漏斗状的猛烈旋转的云柱,称为龙卷。当它伸到地面时会出现强烈的旋风——龙卷风,如图 4.6 所示,龙卷有时成对出现,但旋转方向相反。"陆龙卷"发生在活跃的积雨云群中或与飑线一起。"海龙卷"正如它的名称一样,它是出现在海上的龙卷。在墨西哥、巴哈马群岛、地中海和北大西洋的暖海面上十分常见。

图 4.5　冰雹　　　　　　　　　　　　图 4.6　龙卷风

龙卷的水平尺度很小,在地面上,其直径一般在几米到几百米之间,越往上直径越大。龙卷的垂直伸展范围很大,有的从地面一直伸展到积雨云顶。龙卷持续的时间很短,一般为几分钟到十几分钟,而与强雷暴相连的成熟龙卷可持续30min。龙卷掠过地面的速度可达50km/h,但移动距离不会超过30km,在地面上可以很容易地观测它的途径和避开它。

龙卷的直径虽小,但其风速却极大,最大可达100~200m/s,而且中心气压极低,可低达400~200hPa,因而破坏力非常大,这是我们能在地球见到的最恶劣的天气现象之一。所经之处,常将大树拔起,车辆掀翻,建筑物被摧毁。如1963年5月6日至7日广东省阳山县出现了两个小龙卷,所经之地,直径达1m的大树被连根拔起100棵。1983年4月25日19时,在山东省莱芜市和新泰市交界处出现一次历时5min的龙卷,造成27人死亡,392人受伤,直接经济损失约500万元。

龙卷的危害不仅是强风,它可能会伸展到云底的上面,在云中飞行时将无法看到它。

4)暴雨

强雷暴云一般都伴有强度极大的阵性降水,再加上持续时间长,往往形成暴雨。暴雨区在云体下降气流的中心部分,从云外侧面看几乎是漆黑的,人们常把是否出现这样一个中心黑暗区,作为判断雷暴云的一个标志。

4.1.3.3 强雷暴云的种类

根据强雷暴云的组成情况,强雷暴可分为多单体风暴、超级单体风暴和飑线风暴。

1) 多单体风暴

多单体风暴是一种大而强的风暴群体,由多个处于不同发展阶段的雷暴单体组成,这些单体不像一般雷暴单体那样随机发生、互相干扰,而是有组织地排成一列,形成一个有机的整体。新的单体不断地在风暴右前侧产生,老的单体不断地在左后侧消亡。看起来风暴像一个整体在移动。虽然每个个体的生命期不长,但通过若干单体的连续更替过程,可以形成生命期达数小时的强雷暴。

图4.7所示为一个多单体风暴的垂直剖面图。从图中可以看到,风暴由4个处于不同发展阶段的对流单体所组成,单体 $n+1$ 是初生阶段,n 是发展阶段,$n-1$ 是成熟阶段,$n-2$ 是衰亡阶段。每个单体的生命期约45min。

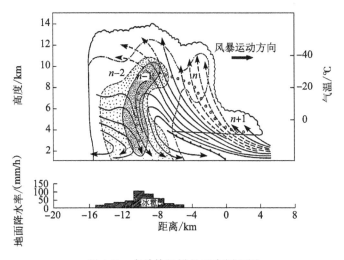

图4.7 多单体风暴的垂直剖面图

多单体风暴的流场特征是上升气流和下降气流能够同时并存较长时间,而不像普通雷暴那样,出现强下降气流的同时上升气流将减弱。

2) 超级单体风暴

与上述多单体风暴不同,超级单体风暴是只有一个巨大单体发展成的猛烈的强风暴。它的水平尺度达到数十千米,生命期可达数小时,其中成熟期达1h以上,是一种强烈的中尺度系统。与多单体风暴不同,超级单体风暴是以连续的方式移动的。风暴云中也有一对倾斜的上升气流和下降气流,如图 4.8 所示。

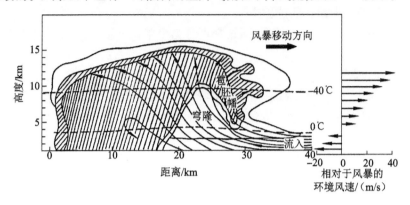

图 4.8　超级单体风暴的结构

3）飑线风暴

飑线风暴简称飑线。它是由排列成带状的多个雷暴或积雨云群组成的强对流天气带。飑线一般宽度为一至几千米,长度为 160~300km,垂直范围一般也只达到 3km 高度,维持时间约 4~18h。沿着飑线会出现雷电、暴雨、大风、冰雹和龙卷等恶劣天气,是一种线状的中尺度对流性天气系统。图 4.9 所示为飑线的立体示意图,图中沿飑线有许多排列成带状的雷暴云。

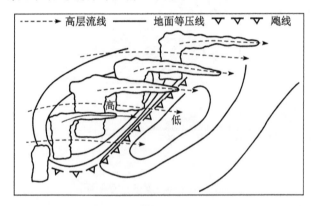

图 4.9　飑线的立体示意图

这些雷暴云,有的是一般雷暴,有的是多单体雷暴。飑线的活动,常常由几个大而强的雷暴所支配。

中纬度地区的飑线常发生在春夏之交的过渡季节,多生成于冷锋前的 80~150km 处并与冷锋平行。它是由暖湿不稳定空气受冷空气的冲击而上升形成的,冷暖气团间的温度、湿度和稳定度差别越大,生成的飑线就越强。飑线过境时也有冷锋的特点,但它并不是冷锋。其天气变化比冷锋剧烈得多,常伴有冰雹和毁灭性的阵风,龙卷也会从飑线雷暴中产生。飑线维持时间较短,且有明显的日变化,通常午后到前半夜最强。

4.1.4　雷暴对飞行安全的影响

雷暴会给飞行带来什么影响?一位驾机误入雷暴云的飞行员事后是这样叙述的。

"一次我在云的夹层里飞行,气流平稳,飞行感觉舒适、轻松。后来,云的夹层消失了,飞机就进入了浓密的乌云中,云层越来越暗,随之出现强烈的颠簸。气流把飞机一会儿抛上,一会儿又死死地向下压,飞行高度急剧地变化着,这时只能尽力保持飞行高度。接着大雨倾泻而下,突然一道电光划破云空,飞机翼尖冒出了火花,闪烁的亮光使我头晕目眩,感到每出现一次闪电,飞机就猛烈振动一次,好像机翼随时都有被折断的危险。我集中全力紧紧抱住驾驶杆,尽量使飞机保持平衡。接着又出现了积冰,我急忙打开除冰装置,使积冰得到消除,然而冰雹却又沉重地打在风挡玻璃上,幸亏是防弹玻璃,否则后果真是不堪设想。在大雨中,一股强大的气流把飞机猛压下去,我向下一看,不得了!树尖和高压电线杆就在下方,我立即改成了平飞,才没有撞到地面。这时,忽然前方出现了一丝亮光,不久,太阳光就从头顶照进了机舱。此刻,我喘了一口气,像是刚刚才知道呼吸。回想这次飞行,不禁使我毛骨悚然。"

从以上描述,可以知道,在雷暴区飞行,除了云中飞行的一般困难外,还会遇到强烈的湍流、积冰、闪电击、阵雨和恶劣能见度,有时还会遇到冰雹、下击暴流、低空风切变和龙卷。这种滚滚的乌云,蕴藏着巨大的能量,具有极大的破坏力。当直升机误入雷暴活动区内,轻者造成人机损伤,重者造成机毁人亡。

4.1.4.1　湍流

在雷暴云的整个发展过程中,始终存在着强烈的垂直气流,特别是在成熟阶段,既有强烈的上升气流,又有很强的下降气流。这种升降气流靠得很近,并往往带有很强的阵性,忽大忽小,分布也不均匀,有很强的风切变,因此湍流特别强,在几秒钟内飞行高度常可变化几十米到几百米(图4.10)。研究资料表明,雷暴云中强烈不规则的运动,使飞机各部位结构经受忽大忽小的载荷变化,过载达到正负两个载荷,如果再加上机动过载,就有可能超过极限允许值,使飞机部分铆钉松动,机载仪表显示滞后,不能准确地反映出飞机瞬间飞行状态,增加了飞行员的精神压力,易产生错觉,造成操纵错误,甚至酿成事故。

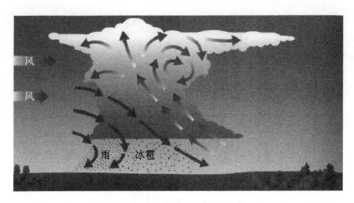

图 4.10 雷暴云中强烈湍流

雷暴云的不同部位,湍流强度是不同的。通常,湍流自云底向上增强,到云的中部和中上部达到最强,到云顶才迅速减弱。在雷暴云周围的一段距离内,有时也有较强的湍流,其区域大小约为云区的 2~3 倍。

4.1.4.2　积冰

在雷暴云发展阶段的浓积云中,由于云体已经延伸至 0℃ 层高度以上,云中水滴呈过冷状态,含水量和水滴直径又较大,所以在其上部飞行常常发生较强的积冰。在雷暴云的成熟阶段,云中含水量和过冷水滴达到最大,强烈的上升气流把过冷水滴带至高空,甚至在砧状云顶中也有少量过冷水滴存在。所以,在云中 0℃ 以上的区域飞行都会发生积冰。在云的中部常常遇到强积冰,在云顶飞行有弱积冰,在消散阶段,云中含水量和过冷水滴都大为减少,积冰强度就不大了。在积雨云中积冰的危险性很大,但不会持续太久,因为直升机在这个地区的时间较短。

4.1.4.3　冰雹

在广大平原地区,年雷暴日数虽然有 30~50 天,但年降雹日数只有 1 天或不足 1 天,所以直升机受雹击的可能性是比较小的。但在山区,由于降雹多,直升机遭雹击的可能性也明显增大。例如,在青藏高原、天山和祁连山等地区,年降雹日数达 10 天以上。在这些地区的雷暴活动区中飞行,要警惕遭受雹击。

直接由冰雹造成的结构损坏比较少见,但对旋翼前沿和发动机的轻微的损伤却比较普遍。通常,在成熟阶段的雷暴云中,飞行高度为 3000~9000m 时,遭遇冰雹的可能性最大,10000m 以上遭遇大冰雹的次数很少,在云中心的上风方向一侧,遭雹击的可能性也是比较小的。另外,在雷暴云中观测到降雹的次数比在地面上观测到的多,这是因为那些不大的冰雹在下落过程中有的又被上升气流带向高空,有的在落到地面以前已经融化了的缘故。所以应当注意,在地面没有降雹的情况下,空中直升机仍有遭受雹击的可能性。

由于冰雹是具有相当质量的固体,其降落速度比较大,一个直径 2cm 的冰雹,降落速度可达 19m/s。如果直升机被它击中,将是十分危险的。例如,1973年 8 月 12 日空军某部一架伊尔 18 飞机在成都附近穿越两块积雨云间遭雹击,雷达罩被打坏,第三、第四个发动机滑油散热器前部被打坏。所以,在飞行中要通过各种方法及早判明冰雹云,并远远地避开它。如果误入了雹云,不要在 0℃等温线所在高度的下降气流中飞行,这里是遭雹击可能最大的区域。有时,由于冰雹被强烈的上升气流带到高空,沿砧状云顶被抛到云外,因而在积雨云砧下面飞行时,也有可能被冰雹击伤。所以,直升机最好在距雹云 10km 以外飞行。

4.1.4.4　雷电

雷电不容易导致直升机结构损坏,因为现在的大多数直升机都有电击保护。比较严重的是对电磁仪表的影响,飞行员也可能被闪电干扰。直升机在雷暴云中、云下和云体附近飞行时,都有可能被闪电击中。直升机一旦被闪电击中,一般造成直升机部分损坏,如旋翼、尾桨、机身等处被强电流烧出一些洞或凹形小坑。闪电电流进入机舱内造成设备及电源损坏,甚至危及机组的安全;闪电和闪电引起的瞬间电场,对仪表、通信、导航及着陆系统造成干扰或中断,甚至造成磁化,如果油箱被闪电击中可能发生燃烧或爆炸。

由于云体与云体之间,云体与大气之间,以及云地之间都可能存在强大电场,在云外甚至距云体 30~40km 处也有遭雷击的现象。直升机遭雷击大部分发生在直升机处于云中、雨中,以及上升、下降状态时。

虽然一年中雷暴出现最多的季节是夏季,然而,直升机遭闪电击却多发生在春、秋季节,主要原因是:春、秋季节雷暴一般较弱,而且大部分隐藏在层状云中,直升机在云雨中飞行时,不能及时发现或判断失误,造成误入雷暴云中而遭闪电击。

4.1.4.5　下击暴流

下击暴流又称强下冲气流,它是雷暴强烈发展的产物。如前所述,在雷暴云中伴随着倾盆大雨存在着强烈的下降气流,当它冲泻到低空时,在近地面会形成强劲的外流——雷暴大风。能引起地面或近地面出现大于 18m/s 雷暴大风的那股突发性的强烈下降气流,称为下击暴流。

下击暴流在地面的风是直线风,即从雷暴云下基本呈直线状向外流动,水平尺度为 4~40km。在下击暴流的整个直线气流中,还嵌有一些小尺度辐散性气流,这些小尺度外流系统称为微下击暴流。微下击暴流出现在下击暴流之中,水平尺度为 400~4000m,地面风速在 22m/s 以上,离地 100m 高度上的下降气流速度甚至可达 30m/s,图 4.11 所示为下击暴流的示意图,其中图 4.11(a)所示为平面图,表示地面上的向外辐散气流;图 4.11(b)是沿图 4.11(a)中 A 至 B 的剖面图,表示强烈的下降气流,M 处是下击暴流中心。

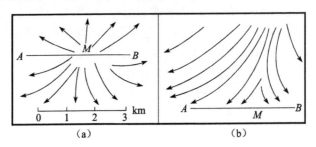

图 4.11　下击暴流示意图
(a)平面图;(b)剖面图。

下击暴流的生命期很短,一般只有 10~15min;微下击暴流的生命期更短,有的只有几分钟。

下击暴流和微下击暴流中强烈的下降气流和雷暴大风,以及极强的垂直风切变和水平风切变对飞行有极大危害,雷暴大风还会刮坏停放在地面的直升机。

4.1.5　飞行中对雷暴的预判及处置

在飞行中,一般采用以下一些方法及时、准确地判明雷暴的位置及发展情况。

4.1.5.1　根据云的外貌判断

直升机在云外飞行,且距离较远时,主要根据雷暴云特有的外貌和天气特征来判明雷暴云的强弱,并报据砧状云顶的伸展方向来判断雷暴的移向。

较强雷暴不具有以下外貌特征:

(1) 云体高大耸立,有砧状云顶和最高云塔,如图 4.12 所示。

图 4.12　砧状云顶

（2）云底呈弧状、滚轴状、悬球状或漏斗状,如图 4.13 所示,云体前方有移动较快的混乱低云。

图 4.13 弧状、滚轴状、悬球状或漏斗状云底

（3）云体下半部较暗,有中心黑暗区;云体上部边缘呈黄色(说明云中已有冰雹形成)。

（4）周围有旺盛的浓积云伴随,如图 4.14 所示。

图 4.14 雷暴云外伴随着旺盛的浓积云

（5）有垂直闪电。

4.1.5.2 使用气象测雨雷达探测雷暴

这是判明雷暴最有效的方法。目前我国已建立了比较稠密的气象雷达网,可以比较准确地探明雷暴云的位置、强度、厚度、有无冰雹等情况,如果充分利用,能可靠地引导直升机选择安全的路线和降落场。

在雷达显示器上,雷暴云回波的强度大,内部结构密实,边缘轮廓分明,显得特别明亮,在彩色荧光屏上为黄色和红色。以这些特点的变化也可判断雷暴强度的变化。在雷达平面位置指示器(plan position indicator,PPI)上雷暴云回波常是孤立分散的,或呈带状或片状,有时回波出现一些特殊的形状,如钩状、指状、

V 形、"黑洞"等,如图 4.15 所示。这些特殊形状的回波是表示上升气流很强的部位,是强雷暴云的征兆。

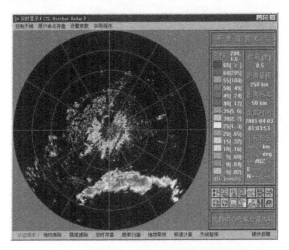

图 4.15　雷达 PPI 上的雷暴云回波

在雷达距离高度指示器(range height indicator,RHI)上,可以反映雷暴云的厚度,强雷暴云顶高在 12km 以上,在热带地区可超过 20km,如图 4.16 所示。

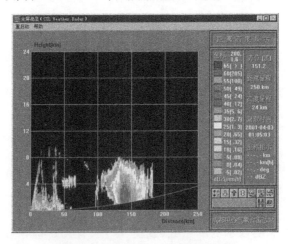

图 4.16　雷达 RHI 上的雷暴云回波

4.1.5.3　在雷暴活动区中飞行应采取的措施

由于雷暴区中有多种威胁飞行安全的危险天气,所以在一般情况下,应避免在雷暴区中飞行。根据国内外有关材料、飞行员实践经验以及气象人员保障工作经验提出以下预防措施。

（1）飞行前，飞行人员要认真向值班气象员详细了解飞行区域天气情况及变化趋势，特别对有可能产生雷暴的区域要认真研究雷暴的性质、位置、范围、强度、高度、移动方向和速度、发展趋势等情况，同时考虑绕飞方案及注意事项。

（2）飞行中，空勤组只要有可能就应尽量避开雷暴活动区。避开的方法：推迟起飞时间，改变航线及飞行高度，空中等待，绕飞，改降，返航等。这不仅为了避开闪电击（雷击），还为了避开雷暴的其他现象，如颠簸、积冰、冰雹、暴雨、风切变等。

（3）绕雷暴云飞行时，基本原则以目视不进雷暴云，力争在云外能见飞行。

（4）当起飞机场有雷暴时通常不应起飞。如果雷暴较弱，任务紧急，又有绕飞的可能性，可向无雷暴的方向起飞。

（5）当降落场有雷暴活动，一般应飞到备降场。如果任务紧急，应找有利方向降落。

（6）在雷暴区边缘机场起降时，要特别注意风切变的影响。发展成熟的雷暴云周围近地面的大气层中常常出现相当大的风切变。

4.2 低空风切变

低空风切变具有时间短、尺度小、强度大、发生突然等特点，要准确探测和预报还很困难。因此，要求飞行人员必须具备低空风切变的有关知识，在飞行中尽量避开它，以确保飞行安全。

风切变是指空间两点之间风的矢量差，即在同一高度或不同高度短距离内风向和（或）风速的变化（图4.17）。在空间任何高度上都可能产生风切变，对飞行威胁最大的是发生在近地面层的风切变。我们把发生在600m高度以下的平均风矢量在空间两点之间的差值称为低空风切变，低空风切变与直升机的起落飞行密切相关。

根据风场的空间结构不同，将风切变分为3种类型。

（1）水平风的垂直切变：指在垂直方向上，一定距离内两点之间的水平风速和（或）风向的改变（"一定距离"通常取为30m）。

（2）水平风的水平切变：指在水平方向上两点之间的水平风速和（或）风向的改变，如跑道上的对头风。

（3）垂直风的切变：指上升或下降气流（垂直风）在水平方向上两点之间的

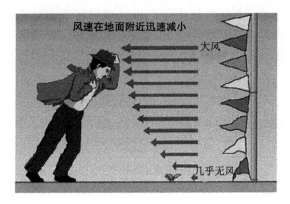

图 4.17　不同高度风速的变化

改变,这类风切变多发生在雷暴云的影响范围里。

4.2.1　低空风切变强度标准

　　低空风切变的强度用单位距离内的风速变化的梯度来表示,由于涉及诸多因素,关于其强度的标准目前没有统一。1967 年国际民航组织(international civil aviation organization,ICAO)在蒙特利尔召开第五届航空气象会议上,确定了风切变强度的暂行标准。但这与世界气象组织(World Meteorological Organization,WMO)航空气象委员会第四届会议提出的暂行标准有所不同。由于飞机搭载的风切变探测设备在性能及安装上要与航空器性能相匹配,所以机载雷达风切变设备采用 ICAO 规定的强度暂行标准。如表 4.1 所列,ICAO 和 WMO 将风切变强度分为了轻度、中度、强烈和严重 4 个等级,且建议进行风切变计算时取 30m 厚的气层跨度,但实际操作时都与探测设备自身数据时空分辨率相匹配进行设置。

表 4.1　风切变强度标准

等级	ICAO		WMO	
	30m 气层内风切变/(m/s)	风切变强度/(1/s)	30m 气层内风切变/(m/s)	风切变强度/(1/s)
轻度	0~2.0	0~0.07	<2.0	<0.067
中度	2.6~4.1	2.6~4.1	2.0~4.0	0.068~0.138
强烈	4.6~7.2	0.153~0.24	4.0~6.0	0.139~0.206
严重	>7.2	>0.24	>6.0	>0.206

4.2.2　低空风切变的表现形式

根据直升机的运动相对于风矢量之间的各种不同情况把风切变分为4种。

4.2.2.1　顺风切变

顺风切变指的是直升机在起飞或着陆过程中,水平风的变量对直升机来说是顺风。例如,直升机出逆风区进入顺风区,由大逆风区进入小逆风区或无风区,由小顺风区进入大顺风区,都是顺风切变。顺风切变使直升机空速减小,升力下降,直升机下沉,危害较大,如图4.18所示。

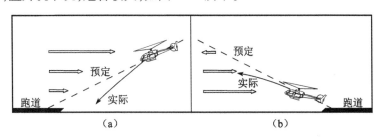

图 4.18　顺风切变
(a)逆风减小;(b)顺风增大。

4.2.2.2　逆风切变

逆风切变指的是水平风的变量对直升机来说是逆风。例如,直升机由小逆风区进入大逆风区,由顺风区进入逆风区,由大顺风区进入小顺风区等,都是逆风切变。这种情形,由于直升机的空速突然增大,升力也增大,直升机抬升,危害相对轻些,如图4.19所示。但如果逆风切变的高度低、强度大或飞行员未及时修正,也会使直升机冲出跑道或过早接地。

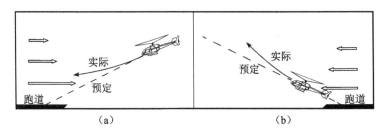

图 4.19　逆风切变
(a)逆风增大;(b)顺风减小。

4.2.2.3　侧风切变

侧风切变指的是直升机从一种侧风或无侧风状态进入另一种明显不同的侧

风状态。侧风有左侧风和右侧风之分,它使直升机发生侧滑、滚转或偏转,如图 4.20 所示。

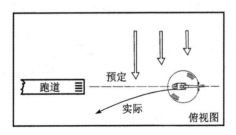

图 4.20　侧风切变

4.2.2.4　垂直风切变

垂直风切变指的是直升机从无明显的升降气流区进入强烈的升降气流区域的情形。特别是强烈的下降气流,往往有很强的猝发性,强度很大,使直升机突然下沉,危害很大,如图 4.21 所示。

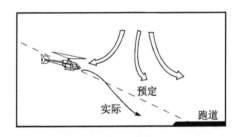

图 4.21　垂直风切变

4.2.3　低空风切变形成条件

低空风切变是在一定的天气背景和环境条件下形成的。一般来说,以下几种情况容易产生较强的低空风切变。

4.2.3.1　雷暴

雷暴是产生风切变的重要天气条件。现在一般认为雷暴的下降气流在不同的区域可造成两种不同的风切变。一种是发生在雷暴单体下面,由下击暴流造成的风切变。这种风切变的特点是范围小、寿命短、强度大,如图 4.22 所示,图中间是下击暴流的大致位置。另一种是雷雨中的下冲气流到达地面后,形成强烈的冷性气流向四处传播,这股气流可传到离雷暴云 20km 处。由于它离开雷暴主体,并且不伴随其他可见的天气现象,所以往往不易发现,对飞行威胁较大。

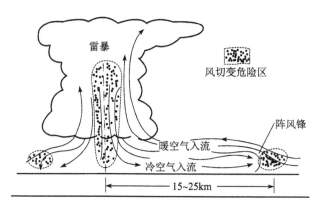

图 4.22　与雷暴有关的低空风切变

4.2.3.2　锋面

锋面是产生风切变最多的气象条件。锋两侧气象要素有很大的差异,穿过锋面时,将碰到突然的风速和风向变化,如图 4.23 所示。一般来说,在锋两侧温差大(≥5℃)和(或)移动快(≥55km/h)的锋面附近,都会产生较强的风切变。

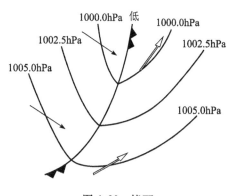

图 4.23　锋面

冷锋移经机场时,低空风切变伴随锋面一起或稍后出现。冷锋移速较快,故此种风切变持续时间较短,但强冷锋及强冷锋后大风区内往往存在严重的低空风切变。

与暖锋相伴随的低空风切变,由于暖锋移动较慢,它在机场上空持续时间相对较长,也可出现在距锋较远的地方。

4.2.3.3　辐射逆温型的低空急流

当晴夜产生强辐射逆温时,在逆温层顶附近常有低空急流,高度一般为几百米,有时可在 100m 以下,与逆温层的高度相联系,有时也称它为夜间急流,如图 4.24 所示。它的形成是因为逆温层阻挡了在其上的大尺度气流运动与地面附近气层之间的混合作用和动量传递,因而在逆温层以上形成了最大风速区,即低空急流,逆温层阻挡了风速向下的动量传递,使地面风很弱,而且风向多变,这样就在地面附近与上层气流之间形成了较大的风切变。从总体上说,这种风切变强度比雷暴或锋面的风切变的要小得多,比较有规律,一般秋冬季较多。低空急流在日落以后开始形成,日出之前达最强,日出后随逆温层的解体而消失,在夜间和拂晓对飞行有一定的影响。

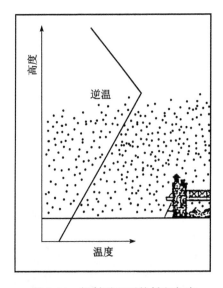

图 4.24　辐射逆温型的低空急流

4.2.3.4　地形和地物

当机场周围山脉较多或地形地物复杂时,常有由于局地地形环境条件产生的低空风切变,如图 4.25 所示。在山地波存在的情况下,山脊的背风一侧常有冷空气滞留在平地上,若机场正处在这种停滞的空气中,当直升机从上面穿入这种停滞的空气时,将会遇到严重的低空风切变。处于盆地的机场,如果配合低空逆温层的作用,就更容易产生水平风的垂直切变;如果机场跑道一侧靠山,另一侧地势开阔,在某种盛行风情况下,可以产生明显的水平风的水平切变。

当阵风风速比其平均值增减 5m/s 以上时,或大风吹过跑道附近的高大建筑物时,会产生局地性风切变。

图 4.25　地形和地物产生的低空风切变

4.2.4　低空风切变对飞行安全的影响

4.2.4.1　低空风切变导致飞行事故的特征

由于低空风切变本身的复杂性,再加上直升机在起落过程中,其位置和高度在不断改变,低空风切变对起飞着陆的影响就十分复杂。总的来说,如果起飞着陆时遇到明显的低空风切变,其影响主要有改变起落航迹,影响直升机的稳定性和操纵性,影响某些仪表的准确性。这些方面的影响都会给直升机的操纵带来困难,有时还会造成事故。

据不完全统计,1970—1985 年,在国际定期和非定期航班飞行及一些任务飞行中,至少发生了 28 起与低空风切变有关的飞行事故。通过对这些事故的分析,发现低空风切变飞行事故有如下特点。

(1)风切变事故都发生在飞行高度低于 300m 的高度层上。

(2)风切变事故与雷暴天气条件关系密切。28 起事故中有一半以上与雷暴天气条件下的强风切变有关。

(3)风切变飞行事故的出现时间和季节没有一定的规律。

4.2.4.2　低空风切变对着陆的影响

机场附近有低空风切变时,直升机起飞爬升或下滑着陆,一旦进入强风切变区,就会受到影响,严重时甚至可能发生事故。由于着陆时出现事故的可能性更大些,下面简要讨论风切变对着陆的影响。

1)顺风切变对着陆的影响

直升机着陆进入顺风切变区时(如从强的逆风突然转为弱逆风,或从逆风突然转为无风或顺风),指示空速就会迅速降低,升力就会明显减小,从而使直升机不能保持高度而向下掉。这时,因风切变所在高度不同,有以下 3 种情况,如图 4.26 所示。

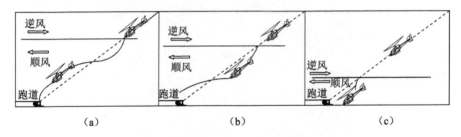

图 4.26　不同高度的顺风切变对着陆的影响

（1）如果风切变层相对于跑道的高度较高（图 4.26(a)），当直升机下滑进入风切变层后，飞行员应及时增大空速，并减小下滑角，可以接近正常的下滑线。若直升机超过了正常下滑线，可增大下滑角，并减少多余的空速，沿正常下滑线下滑，完成着陆。

（2）如果风切变层相对于跑道的高度较低（图 4.26(b)），飞行员只能完成上述修正动作的前一半，而来不及做增大下滑角，减小空速的修正动作，这时直升机就会以较大的地速接地，导致滑跑距离增长，甚至冲出跑道。

（3）如果风切变层相对于跑道的高度更低（图 4.26(c)），飞行员来不及做修正动作，未到跑道直升机就可能触地，造成事故。

2）逆风切变对着陆的影响

直升机着陆下滑进入逆风切变区时（如从强的顺风突然转为弱顺风，或从顺风突然转为无风或逆风），指示空速迅速增大、升力明显增加，直升机被抬升，脱离正常下滑线，飞行员面临的问题是怎样消耗掉直升机过剩的能量或过大的空速。因风切变所在高度不同也有 3 种情形，如图 4.27 所示。

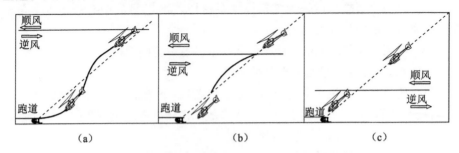

图 4.27　不同高度的逆风切变对着陆的影响

（1）如果风切变层相对于跑道的高度较高（图 4.27(a)），飞行员可及时利用侧滑或蹬碎舵方法来增大阻力，使直升机空速迅速回降，并进入到预定下滑线之下,然后再回到正常下滑线下滑,完成着陆。

(2) 如果风切变层相对于跑道的高度较低(图 4.27(b)),飞行员修正过头,使直升机下降到下滑线的下面,由于此时离地很近,再做修正动作已来不及,直升机未到跑道头可能就触地了。

(3) 如果风切变层相对于跑道的高度更低(图 4.27(c)),飞行员往往来不及做修正动作,直升机已接近跑道,由于着陆速度过大,滑跑距离增加,直升机有可能冲出跑道。

3) 侧风切变对着陆的影响

直升机在着陆下滑时遇到侧风切变,会产生侧滑、带坡度,使直升机偏离预定下滑着陆方向,飞行员要及时修正。如果侧风切变层的高度较低,飞行员来不及修正时,直升机会带坡度和偏流接地,影响着陆方向。

4) 垂直风切变对着陆的影响

当直升机在飞行过程中遇到升降气流时,直升机的升力会发生变化,从而使飞行高度发生变化。垂直风对直升机着陆的影响主要是对直升机的高度、空速、俯仰姿态和杆力的影响,尤其是下降气流对直升机着陆危害极大,当直升机在雷暴云下面进近着陆时常常遇到严重的下降气流,并可能发生严重飞行事故,如图 4.28 所示。

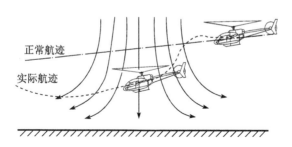

图 4.28　垂直风切变对着陆的影响

上面讨论的是几种低空风切变对直升机着陆的影响,低空风切变对起飞的影响与此类似,读者可自行分析。

4.2.4.3　低空风切变的判定和处置

目前,强低空风切变还是难以抗拒的,只有避开它才是最有效的办法。及时、准确地判断低空风切变的存在、类型和强度,是减轻和避免低空风切变危害,确保直升机起降安全的重要措施。

风切变虽近年来已引起人们的密切关注,但到目前为止还没有完全弄清它的规律,因而对它的预报还存在许多困难。虽然如此,低空风切变还是有征兆可循的,目前采用的判别方法主要有以下两种。

1) 目视判别方法

通过目视观察低空风切变来临的征兆,是目前常用的一种判别方法。

(1) 雷暴冷性外流气流的沙暴堤(沙尘暴前缘呈一堵又宽又高的沙壁),如图4.29所示。雷暴冷性外流气流前缘的强劲气流会把地面的尘土吹起相当的高度,并随气流移动。它能显现出外流气流的范围和高度,其高度越高,强度越大。一旦见到这种沙暴堤出现就应高度警惕,立即采取措施,因为紧跟在沙暴堤之后就是强烈的风切变。

(2) 滚轴状云。在雷暴型和强冷锋型风切变中,强的冷性外流往往有明显的涡旋运动结构,并伴有低空滚轴状云。从远处看,它犹如贴地滚滚而来的一堵云墙,其颜色多为乌黑灰暗,伴有沙尘暴时多为黄褐色。云底高一般在几百米以下,这种云的出现,预示着强烈的地面风和低空风切变的来临。

(3) 强风吹倒树木和庄稼。强风或下击暴流所吹倒的成片树林和庄稼,其倒伏方向会呈现出气流的流动状况。

(4) 雷暴云体下的雨幡,如图4.30所示。雷暴云体下的雨幡是有强烈下降气流的重要征兆。雨幡的形状、颜色深浅、离地高度等都同风切变的强度有关。通常雨幡下垂高度越低,个体形状越大,色泽越暗,预示着风切变和下击暴流也越强。由于雨幡四周相当范围(1~2km)内的风场都比较复杂,常有强的风切变,所以一旦遇到雨幡,不仅不能穿越它,而且要与它保持一定的距离。

图4.29 雷暴冷性外流气流的沙暴堤   图4.30 雷暴云体下的雨幡

目视判别法比较直观、简便,但也有局限性,它只给人们提供粗略的形象特征,远不及仪器测定的精确。对于那些无目视征兆的风切变,如逆温型风切变就是一种出现在晴好天气的风切变,而且地面风速往往并不大,易使人忽视或产生错觉,因此需要一定的仪器设备来测定。

2）座舱仪表判别法

在正常的起飞和着陆过程中，驾驶舱各种仪表示度有一定的变化范围。直升机一旦遭遇风切变，首先会反映到座舱仪表上来，使仪表出现异常指示。下面介绍几种主要飞行仪表在遭遇到风切变时的反应。

（1）空速表。空速表是直升机遇到风切变时反映最灵敏的仪表之一，直升机遭遇风切变时空速表指示一般都会发生急剧变化。所以，一旦出现这种异常指示，即应警惕风切变的危害。美国波音公司规定，当空速表指示值突然改变28~37km/h，应中止起飞或不做进近着陆。在穿越微下击暴流时，往往先是逆风使空速增大，紧接着就是顺风使空速迅速减小，而真正的危害发生在空速迅速下降的时刻，所以不要被短时的增速所迷惑。

（2）高度表。高度表指示的正常下滑高度是直升机进近着陆的重要依据。如果直升机在下滑过程中高度表指示出现异常，大幅度偏离正常高度值时，必须立即采取措施，及时拉起。当然也应注意到遭遇微下击暴流时，会出现因遇强风而短暂地使直升机高于正常下滑高度的现象，紧接着就会发生危险的掉高度。所以，不要做出错误的判断。

（3）升降速率表。升降速率表与高度表的关系密切，在遭遇风切变时反映很明显。如果见到升降速率表指示异常，特别是下沉速率明显加大时，必须充分注意。美国波音公司建议在下降速度短时内改变值达164m/min 时，即认为遇到强风切变，飞行员应采取复飞等相应措施。

（4）俯仰角度指示器。俯仰角是直升机起飞、着陆时飞行员必须掌握的重要参数。例如，直升机起飞时俯角为8°~10°，着陆时仰角为3°~5°，在起落过程中通常控制该值保持基本不变。一旦遭遇风切变，俯仰角指示将迅速发生变化，变化越快、越大，则危害越大。美国波音公司规定，俯仰角指示突然改变超过5°时，即认为遭遇强风切变，应停止进近而复飞。

3）遭遇低空风切变时的处置方法

在飞行中遭遇低空风切变，怎样才能保持在预定的飞行轨迹上安全起飞着陆，是一个极为重要而又复杂的问题。为了迅速而准确地做出反应，飞行员应该做到以下几点。

（1）首先要有思想准备。起飞前，要认真、仔细地了解和研究天气预报和天气实况报告，警惕在飞行中会遇到风切变及风切变可能出现的位置、高度、强度。起飞后，要注意收听地面的气象报告和别的直升机关于风切变的报告，了解风切变的存在及其性质。避开严重风切变，对轻度风切变可借助操纵修正来克服它。

（2）不要有意识地穿过严重风切变区或强下降气流区。特别是在飞行高度低于离地高度200m 或有一台发动机失效时，更应切记。

（3）要与雷暴云和大的降水区保持适当距离。雷暴云的外冲气流有时可以超越雷暴前方 20~30km。因此，直升机低空飞行时应远离雷暴云 20~30km 飞行，不要侥幸抢飞这一危险区域。在有强风切变时，不要冒险起飞、着陆。

（4）如果在最后着陆时刻遇到风切变，只要是难以改出、无法安全着陆，就应立即复飞。可以推迟着陆，等到风切变减弱或消失后着陆，或到备降场着陆。

（5）直升机遭遇风切变时，应立即将风切变出现的区域、高度、空速变化的大小等报告飞行管制部门，以避免其他直升机误入其中。

（6）此外，组织飞行人员进行应对各种低空风切变的模拟训练，以提高应对风切变的能力，也是十分重要的措施。

4.3 积 冰

积冰对直升机的影响很大，由于直升机可用功率有限，操纵面较小，一旦积冰更易导致事故发生，据不完全统计，截止到 1994 年，我国使用的 MI-8 直升机共发生 14 起空中停车，其中有 11 起是积冰原因造成。据国外资料试验表明，当主旋翼桨叶内侧部分积冰约 1.3cm 时，自转就不能保持最低的旋翼转速。所以了解产生积冰的气象条件、积冰对飞行的影响以及飞行中如何防止或减轻积冰，仍然是十分重要的。

4.3.1 积冰的形成机制

4.3.1.1 机上聚集冰层的机制

1）直升机积冰的原理

大气中经常存在着温度在 0℃ 以下仍未冻结的过冷水滴（云滴、雨滴），这种过冷水滴多出现在 -20~0℃ 的云和降水中。实践表明，当气温低于 0℃，相对湿度大于 100% 时，过冷水滴就形成了。在温度低于 -40℃ 时，过冷水滴就会立即冻结，但是在温度高于 -40℃ 时，水滴就会在较长的时间内保持液态存在，具体时间取决于水滴的大小和纯度。小的过冷水滴比大的过冷水滴存在的时间长，出现的温度也更低。过冷水滴的一个非常重要的特征就是不稳定，稍受振动，即冻结成冰。当直升机在含有过冷水滴的云中飞行时，如果机体表面温度低于 0℃，过冷水滴就会在机体表面某些部位冻结并聚积成冰层。

2）直升机积冰的过程

过冷水滴冻结成冰的过程，因受潜热的影响，可以分为两个阶段。每一个过冷水滴碰到机翼时就开始冻结，形成冰针网，周围充满了水，释放出的潜热使过冷水滴没有冻结的部分温度升高,沿着翼面流动,流动的液态部分通过蒸发和传导而冻结。这个过程进行的速率在很大程度上取决于过冷水滴原来的温度,如果过冷水滴的温度较高(接近 0℃),先冻结的部分放出的潜热可使未冻结部分升温到 0℃或以上,这样过冷水滴的冻结速度较慢,冻结得也比较牢固。如果过冷水滴较小,温度很低(接近-20℃),冻结速度就很快,往往在直升机上直接冻结,此时潜热仍然会释放出来,但它使过冷水滴在凝结之前变暖的能力大大下降。

3)直升机积冰的基本条件

从上面的讨论可知,机身产生积冰的基本条件如下:

(1)气温低于 0℃;

(2)机体表面的温度低于 0℃;

(3)有温度低于 0℃ 的水滴存在。

4.3.1.2　直升机积冰种类

直升机表面上所积的冰是多种多样的:有的光滑透明,有的粗糙不平,有的坚硬牢固,有的松脆易脱。它们的差异主要是由云中过冷水滴的大小及其温度的高低决定的。根据它们的结构、形状以及对飞行影响程度不同,可以分为明冰、雾凇、毛冰和霜。

1)明冰

明冰光滑透明,结构坚实。通常是在温度为-10℃~0 的过冷雨中或由大水滴组成的云中形成的,如图 4.31 所示。由于水滴较大,温度相对较高,过冷水滴碰撞机身表面后并不全在碰撞处冻结,而是部分冻结,部分顺气流蔓延到较后的位置上冻结,此时冰中夹杂的空气很少,所以,冰层积得透明光滑。在有降水的过冷云中飞行,明冰聚集速度往往很快,冻结比较牢固,用除冰设备也不易脱落。明冰能改变直升机的空气动力性能,影响飞机的稳定性。破碎后的冰块能打坏尾桨等其他部件,对直升机飞行危害最大。

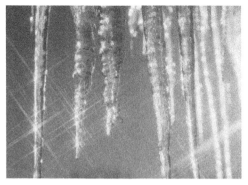

图 4.31　明冰

2）雾凇

与地面上所见的雾凇一样，是由许多粒状冰晶组成的，不透明，表面也比较粗糙，这种冰多形成在温度为-20℃左右的云中，如图4.32所示。因为这样的云中过冷水滴通常很小，相应的过冷水滴的数量也较少。碰在直升机上冻结很快，几乎还能保持原来的形状，所以形成的冰层看起来就像"砂纸"一样粗糙。同时由于各小冰粒之间一般都存在着空隙，所以冰层是不透明的，雾凇的积聚速度较慢，多出现在直升机的迎风部位如旋翼前沿。

图4.32　雾凇

与明冰相比，雾凇是较松脆的，很容易除掉，对飞行的危害要小很多。

3）毛冰

这种冰的特征是表面粗糙不平，但冻结得比较坚固，色泽像白瓷一样，所以也有人称为瓷冰。它多形成在温度为-15~-5℃的云中，因为这样的云中往往是大小过冷水滴同时并存，所以形成的积冰也既具有大水滴冻结的特征，又具有小水滴冻结的特征。有时，在过冷水滴与冰晶混合组成的云中飞行，由于过冷水滴夹带着冰晶一起冻结，也能形成粗糙的不透明的毛冰。

由于毛冰表面粗糙不平，会破坏直升机的流线型，同时又冻结得比较牢固，所以对飞行的影响不亚于明冰。

4）霜

霜是在晴空中飞行时出现的一种积冰，它是直升机以寒冷的高空迅速下降到温暖潮湿但无云的气层时形成的，或从较冷的机场起飞，穿过明显的逆温层的形成。它不是由过冷水滴冻结而成，而是当未饱和空气与温度低于0℃的直升机接触时，如果机身温度低于露点，由水汽在寒冷的机体表面直接凝华而成，其形状与地面物体上形成的霜近似。霜的维持时间不长，机体增温后消失，只要直升机表面温度保持在0℃以下，霜就一直不会融化。虽然霜很薄,但它对飞行依然有影响,下降高度时在挡风前结霜,会影响目视飞行。冬季停放在地面上的直升机也可能结霜,一般要求清除机体上的霜层后才能起飞。

明冰、雾凇、毛冰的特点如表 4.2 所列。

表 4.2　明冰、雾凇、毛冰的特点

种类	明冰	雾凇	毛冰
温度	−10~0℃	−20℃	−20~−5℃
水滴	大水滴	小水滴	大、小水滴
形状	光滑、透明、象地面薄冰	粗糙不透明、象地面雾凇	粗糙不透明、色泽像白瓷
强度	强烈(≥1.0)	轻度(≤0.6)	中度/强烈(>0.6)
危害	聚集速度很快、冰层很厚、很牢固,危害较大	比较松脆、容易除掉、危害较小	表面粗糙不平、冻结得牢固时、危害较大

4.3.2　积冰强度

4.3.2.1　积冰强度的等级划分

积冰对飞行影响的大小,除与积冰种类有关外,主要取决于积冰强度。积冰强度通常是指机体表面单位时间内所形成冰层的厚度,单位为 mm/min,分为弱、中、强、极强 4 个等级。这种划分积冰强度的方法只有用专门探测装置才能准确测定。实际飞行中常以整个飞行过程所积冰层的厚度来衡量,单位是 cm。这两种方法的强度划分情况如表 4.3 所列,预报工作中一般只分 3 个等级。

表 4.3　直升机积冰强度等级划分

积冰强度等级	弱积冰	中积冰	强积冰	极强积冰
单位时间积冰厚度/(mm/min)	<0.6	0.6~1.0	1.1~2.0	>2.0
飞行过程所积冰层厚度/cm	≤5.0	5.1~15.0	15.1~30.0	>30.0

然而对这些分类必须说明的是:在某些情况下,一位飞行员觉得是"轻度积冰"的,对另一个飞行员来说却可能认为是"中度积冰"。在相同的积冰条件下,不同直升机的反应也不一样。

弱积冰。在这种积冰条件下较长时间飞行,可能会有危险。但如使用防冰、除冰装置,可以防止和清除积冰而不会发生危险。

中积冰。冰层聚积速度较快,即使短时间飞行也可能有危险,因此必需使用防冰、除冰装置,或改变航线。

强积冰。冰层聚积速度很快,防冰、除冰装置失去作用,必须改变航线。

4.3.2.2 影响积冰强度的因子

直升机积冰强度与气象条件和直升机空气动力特性有关。在一般情况下,主要与云中过冷水含量、过冷水滴的大小、飞行速度及积冰部位的曲率半径等因素有关。

1) 云中过冷水含量和水滴的大小

在其他条件相同的情况下,云中过冷水滴含量越多,积冰越强。由于云中过冷水滴含量主要是由气温决定的,温度越低,含水量越少。所以强的积冰多发生在-10~-2℃范围内。大的过冷水滴由于有较大的惯性,容易和飞机相碰,因而单位时间内在飞机表面上形成的冰层就较厚。所以在其他条件相同时,水滴越大,积冰强度越强。

2) 飞行速度

在其他条件相同的情况下,直升机的飞行速度越大,单位时间内碰到机体上的过冷水滴越多,积冰强度就越大。

3) 机体积冰部位的曲率半径

积冰强度除了主要取决于云中过冷水滴含量、水滴大小和飞行速度外,还和飞机机体积冰部位的曲率半径有关。以旋翼桨叶积冰为例,在其他条件相同的条件下,桨叶前缘曲率半径大,在其前缘较远的地方,气流就开始分离了。所以直升机积冰常最先在桨叶翼尖、空速管、天线、铆钉等部位出现。

4.3.3 积冰的形成条件

4.3.3.1 积冰与云中温度、湿度的关系

通常直升机积冰形成于温度低于0℃的云中。但云中温度越低,过冷水滴越少,故在温度低于-20℃的云中直升机积冰的次数是很少的。根据观测资料,气温在-20~0℃范围内的积冰占80%;-10~-2℃范围内的积冰占68.3%;强积冰也多发生在-10~-2℃范围内。据我国西南、西北、华中和华东等地区1960—1980年的直升机积冰报告资料,积冰次数随云中温度的分布如图4.33所示,与上面的结论十分吻合。因此,在飞行中了解0℃、-2℃、-10℃及-20℃各等温线的高度,对判断积冰的可能性和强度有重要作用。

从图4.33可知,云中温度在0~2℃范围内也有积冰,云中温度略高于0℃时

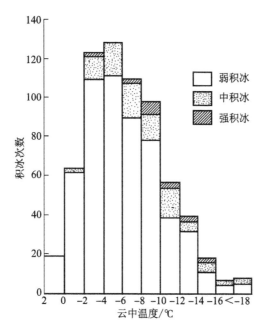

图 4.33　积冰与云中温度、湿度的关系

产生积冰的原因是在云中相对湿度小于 100%、飞行速度又不大的情况下,水滴碰到机体上后,强大的气流使水滴强烈蒸发而降温,若降温作用超过了动力增温作用,则机体表面温度降至 0℃ 以下,于是形成积冰;或者是原在低于 0℃ 区域飞行的直升机,突然进入(如降低飞行高度)暖湿区域中,由于机体表面温度仍在 0℃ 以下,于是水汽在机体表面凝华,形成一层薄霜。

此外,直升机积冰还与云中温度有关,温度露点差可以反映云中相对湿度的大小,显然,云中温度露点差值越小,相对湿度就越大,越有利于积冰的形成。据统计,直升机积冰一般发生在云中温度露点差小于 7℃ 范围内,以 0~5℃ 发生积冰最多,强积冰多发生在温度露点差为 0~4℃ 范围内。

4.3.3.2　积冰与云状的关系

不同的云,云中的含水量和水滴大小是不同的,因而云中积冰也有不同的特点。

1) 积状云

积状云(主要指浓积云和积雨云),云中上升气流强,云中含水量和水滴都很大,因而云中积冰强度最大。在浓积云上部或积雨云的中上部,水滴大且含量多,所以是积冰强度最大区域,而且常常积明冰。云的顶部或边缘部分,积冰相对较弱。在云的下部,温度常在 0℃ 以上,没有积冰。

2）层云和层积

层云和层积云含水量和水滴比积状云中小,含水量分布由云底向上增大。因此,云中积冰强度比积状云的小,通常为弱积冰或中积冰,而且云的上部比下部要强一些。这种云层出现的范围很大时,若在云中长时间飞行,也会积出很厚的冰层。层云和层积云的高度较低,夏季云中温度均在0℃以上,云中飞行不会积冰。

3）雨层云

雨层云中的水滴含量比积状云的少,水滴较小,积冰强度一般较弱。但由于雨层云分布范围较大,如果在云中长时间飞行也能产生强积冰。另外,雨层云是由系统性上升运动生成的,含水量和水滴大小通常都随高度而减小,所以积冰强度随高度减弱。

4.3.3.3 积冰与降水的关系

积冰形成与过冷水滴有关,直升机如遇含有过冷水滴的降水,也会形成积冰,且通常为强积冰。因为降水中的雨滴一般比云滴大得多,即使飞行时间很短,也能产生较厚的积冰。含有过冷水滴的降水主要有冻雨、冻毛毛雨和雨夹雪,在这些降水区飞行,直升机会迅速积冰,危及飞行安全。

4.3.4 积冰对飞行安全的影响及处置措施

4.3.4.1 积冰对飞行安全的影响

飞行中比较容易出现积冰的部位主要有旋翼、尾桨、风挡、发动机、空速管、天线等,无论什么部位,积冰都会影响直升机性能,其影响主要可分为以下3个方面。

1）破坏空气动力性能

直升机积冰,增加了直升机的重量,改变了重心和气动外形,从而破坏了原有的气动性能,影响直升机的稳定性。旋翼和尾桨积冰,使升力系数下降,阻力系数增加,并可引起直升机抖动,使操纵发生困难。如果部分冰层脱落,表面也会变得凹凸不平,不仅造成气流紊乱,而且会使积冰进一步加剧。

2）旋翼和尾桨积冰

旋翼和尾桨上积冰有着潜在的不良后果,当这些冰层松动后,后果也许是灾难性的。一方面,桨叶是直升机上速率较大的部件,因此可能会在每秒钟内遇到更多的过冷水滴,积冰效率高,冰层增厚很快;另一方面,气流在桨叶前缘的驻点处的压力使该点的温度提高22℃,因此桨叶前缘处往往不积冰,而在桨叶弦向内积冰。

桨叶上冰层的聚积最终将由于离心力、空气载荷、桨叶变形或飞入温暖的气流而剥落。当冰层剥落时,往往是某一时刻从某一片桨叶上剥落。由此而导致的不平衡破坏了桨叶固有的平衡,将会造成直升机严重的振动,使旋翼和尾桨的支撑结果承受严重的摆振载荷,同时也可能使发动机的固定架产生危险的变形,从而导致操纵困难,稳定性变坏,积冰严重时还可能导致飞行事故。

3)影响仪表和通信,甚至使之失灵

空气压力受感部位积冰,可影响空速表、高度表等的正常工作,若进气口被冰堵塞,可使这些仪表失效。天线积冰,影响无线电的接收与发射,甚至中断通信。另外,风挡积冰可影响目视,特别在进场着陆时,对飞行安全威胁很大。

另外,直升机积冰的气象条件使直升机对积冰的反应更为敏感。由于直升机可用功率有限,操纵面较小,故积冰更易导致危险。直升机旋翼积冰对飞行的影响最大。积冰破坏了旋翼的平衡,引起剧烈振动,使直升机安全性能变差,操纵困难。如积冰严重时,可导致飞行事故。当直升机悬停时,桨叶积冰使载荷性能变差,只要积有 0.75mm 厚的冰就足以使其掉高度。

4.3.4.2　对积冰现象的预防和处置措施

积冰对直升机飞行有很大影响,它不仅妨碍飞行任务的完成,有时甚至可能危及飞行安全。因此,预防和正确处置积冰是极其重要的。

1)飞行前的准备工作

飞行前的准备工作主要有以下几点。

(1)飞行前认真研究航线天气及可能积冰的情况。做好防积冰准备是安全飞行的重要措施。积冰主要发生在有过冷水滴的云中,飞行前应仔细了解飞行区域的云、降水和气温的分布,以及 0℃ 和 −20℃ 等温线的高度。较强的积冰多发生在云中温度为 −10 ~ −2℃ 的区域内,因此特别要注意 −2℃ 和 −10℃ 等温线的高度。

(2)结合直升机性能、结构和计划的航线高度、飞行速度等因素,判断飞行区域积冰的可能性和积冰强度。同时,确定避开积冰区或安全通过积冰区的最佳方案。

(3)检查防冰装置,清除直升机表面已有积冰、霜或积雪。

2)直升机在易积冰条件下的操纵要领

(1)消除影响安全脱离积冰区的隐患。

影响安全脱离的因素有发动机停车、旋翼振动、进入涡环、机头急剧下俯。为此,在易积冰的条件下飞行时:首先,尽快接通防冰系统,以免因积冰时间过长而导致发动机停车;出现积冰信号后,还应关闭自动驾驶仪,以免其不利影响;其次,将飞行速度调至略大于经济速度,以保证向下脱离时不会进入涡环状态,又便于向上脱离时获得最佳上升性能。

（2）正确脱离积冰区的方法。

脱离积冰区的方法主要有改变高度、改变方向及迫降。积冰区厚度一般不超过 1000m,直升机通过改变高度脱离较有利。但因直升机的上升性能比飞机相差较多,下降性能却优于飞机,所以进入积冰区后应在遵循"安全、迅速"原则的基础上,视直升机在云中的位置、飞行高度、云层的类型及厚度与宽度等情况选择脱离方法。

①靠近易积冰层的边界且轻度积冰,取最短距离迅速脱离。

在积状云顶部或边缘、(积)层云下部飞行时,往往形成轻度积冰。此时,迅速脱离、避免积冰加重是保证安全的关键。在云层顶部,一般向上脱离;在云层下部,一般向下脱离;在云层边缘,一般向外脱离。

②位于积冰层中部且中等、严重积冰时,视情选择脱离方法。

在防冰系统接通、发动机正常的情况下:云层高度较低时(我国冬季强积冰层多在 2000~3000m 以下),一般应向上脱离,避免向下脱离出现特殊情况时因高度低而影响安全;云层高度较高(我国夏季强积冰层多在 4000~5000m 以上),一般应向下脱离,避免向上脱离时气温和发动机功率降低的不利影响。需注意的是接通防冰系统,发动机功率会减小 7%左右,脱离时应尽量避免急转弯和急剧上升。

4.4　颠　簸

空气在较大范围的有规则的运动中包含了许多不规则的运动,这种不规则运动称为乱流又称为扰动气流或湍流。当直升机飞行中遇到扰动气流,就好像汽车行驶在坎坷不平的道路上一样,产生摇晃、摆头以及操纵困难等现象,这就是通常所说的颠簸。空气中的扰动气流是经常存在的,不过范围有大有小,有的对飞行没有多大影响,对飞行有影响造成颠簸的主要是那种范围大小与直升机的大小相当的扰动气流。

据统计,1990—2001 年,国际民航共发生与颠簸有关的飞行事故 36 起(不含雷暴、强降水、低空风切变产生的颠簸而引起的飞行事故),约占飞行事故总数的 2%。我国军民航在飞行中也多次发生因颠簸而导致的飞行事故和事故征候。可见,颠簸对飞行安全的危害应引起高度重视。

4.4.1　大气乱流

空气的运动可以分为两种:一种是有规则的运动,它表明空气的总的运动方向和速率;另一种是不规则的涡旋运动,表明空气的运动方向和速率存在不规则的变化。这种包含着不规则运动的气流,就是乱流,它是大气中经常出现的现象。

4.4.1.1　大气乱流形成原因

有很多因素都能引起湍流,为了方便,我们将这些因素主要分为3种,即动力、热力和风切变。

在对流层,特别是在摩擦层,当气流经过粗糙不平的地表面(丘陵、山地、建筑物、树木),常因摩擦作用而产生涡旋,这些涡旋夹杂在基本气流之中,引起空气的湍流。在地表面受热不均时,会引起热力对流,一部分空气上升,一部分空气下沉,上、下气流之间常产生扰动而形成乱流。

但要注意,实际大气中的乱流是比较复杂的,任何时候都可能有2种或3种因素同时作用在同一区域。

4.4.1.2　大气乱流种类

根据乱流的成因,考虑飞行时判断乱流的需要,大气乱流主要分为热力乱流和动力乱流。

1)热力乱流

由空气热力原因形成的乱流称为热力乱流,如图4.34所示。热力乱流主要是由气温的水平分布不均匀而引起的,常常出现在对流层的低层,当有较强的热力对流发展时,也可能扩展到高空。

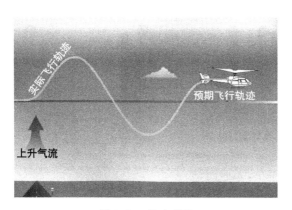

图4.34　热力乱流

2)动力乱流

空气流过粗糙不平的地表面或障碍物时出现的乱流,或由风切变引起的乱流,都称为动力乱流,如图4.35所示,其影响范围多在1~2km高度以下。

航空气象与飞行安全

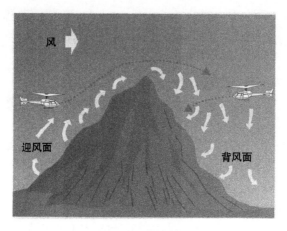

图 4.35 动力乱流

4.4.2 颠簸强度

4.4.2.1 颠簸强度划分

在飞行中,根据飞行员感觉和目测的飞行状态的异常程度,一般把颠簸强度划分为 4 个等级,如表 4.4 所列。

表 4.4 颠簸强度划分

强度	直升机状态的变化	机舱中的反应	阵风风速 /(m/s)
弱	直升机姿态短暂变动,轻微抛掷,航向稍有摆动;或者直升机在没有显著高度变化或偏航的情况下有轻微摆动	飞行员感到安全带或肩带稍稍拉紧,未固定的东西仍保持不动	1.5~6.1
中	与弱颠簸相似,但强度增强,直升机姿态、飞行高度及航向均有变化,但直升机保持无反向操纵;或者直升机在有显著高度变化、滚转及偏航的情况下出现急剧抛掷式冲击	飞行员感到安全带或肩带绷紧,未固定的东西发生移动	6.1~10.7
强	直升机姿态、飞行高度及航向均有变化,引起的指示空速变化大,短时内直升机失去操纵	飞行员被迫系紧和一再抓住安全带或肩带,未固定的东西颤动不已	>15.2
极强	直升机被急剧地、频繁地上下抛掷,事实上已无法操纵,可能造成直升机结构的损坏	—	—

108

4.4.2.2　影响颠簸强度的因素

由飞行经验可知,通过不同的扰动气流区,会有不同强度的颠簸;通过同一扰动气流区,由于飞行速度、直升机类型的不同,颠簸强度也不尽相同。这就是说,颠簸强度不单取决于外界的气流条件,而且还与飞行速度、直升机旋翼载荷等条件有关。下面分别讨论影响颠簸强度的各项因素。

1）乱流强度

乱流强度取决于垂直阵风区风速和空气密度,垂直阵风的速度越大,空气密度越大,它们所引起的直升机升力的变化越大,颠簸也越强;反之,它们所引起的直升机升力的变化越小,颠簸越弱。直升机平飞时,空气密度变化不大,可以不计,这时乱流强度主要取决于垂直阵风大小。

2）飞行速度

直升机飞行速度越大,受到的垂直阵风的冲击越强,升力的变化就越大,载荷因数变量也就越大,颠簸强度增强。

此外,飞行速度越大,机体在单位时间内所受到垂直阵风冲击的次数就越多,颠簸也就越频繁,但颠簸的振幅会减小,这时飞行员感到的是“抖动”或“振动”。

3）旋翼载荷

旋翼载荷大的直升机,受到垂直阵风冲击后产生的加速度小,所以颠簸较弱,反之,旋翼载荷小的颠簸较强。

4.4.3　颠簸层的特征

1）颠簸层的水平分布

在低空,由于山地和丘陵地区湍流易得到发展,所以山区颠簸比平原地区的多。我国西南、西北和华北等地区地形复杂,发生颠簸比东部平原地区的多。在我国西部多山地区,当很强的气流横越山脉时,经常会出现动力湍流和地形波,造成颠簸。

2）颠簸层随纬度和高度的分布

不同种类的颠簸层,在不同的纬度和高度上出现的频率是不同的。

一般来说,动力乱流颠簸多见于中高纬度大陆,多数离地面不超过 $1 \sim 2 \mathrm{km}$;热力乱流颠簸,则是低纬地区多于高纬地区,并多出现在对流层的中层。图 4.36 所示为在中纬度大陆上,几种乱流在各高度上的出现频率。由图 4.36 还可看出,颠簸出现的总频率,以离地 2km 高度以下最大(可达 20%),对流层中层较小(10% 左右),对流层上层又增大(12%);在平流层,颠簸频率随高度而减小,通常在8%以下。

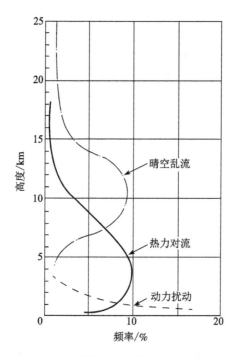

图 4.36　颠簸层随纬度和高度的分布

　　在由直升机观测的各种颠簸强度等级中,一般以弱颠簸最多,其次是中度颠簸,强颠簸出现的次数是很少的,如在对流层,强颠簸约占颠簸总数的5%。

4.4.4　颠簸形成条件

4.4.4.1　锋面

　　暖锋云系中飞行比较平稳,湍流颠簸不强,发生概率也比冷锋小。但要注意,当暖锋云系中隐藏着积雨云时,也会产生很强的颠簸。冷锋及其附近常有湍流颠簸。由于在锋面附近冷气团冲击,锋后大风与地形共同作用,加上空中强锋区,水平、垂直风切变,以及冷锋附近常有不稳定云系产生,对湍流形成发展特别有利。锋面越强,锋面坡度越陡,移动速度越快,地面越粗糙,则湍流越强,反之则越弱。较强的颠簸多出现在锋面附近,冷气团一侧出现的频率比暖气团一侧的大。此外,冷锋附近的颠簸比其他锋面的强,特别是第二型冷锋,对飞行特别危险。冷暖锋两侧颠簸出现的频率及颠簸层平均厚度如表4.5所列。

表 4.5　冷暖锋两侧颠簸出现的频率及颠簸层平均厚度

锋型	颠簸出现的频率/%		颠簸层平均厚度/m	
	冷气团	暖气团	冷气团	暖气团
冷锋	17	11	590	500
暖锋	13	6	470	100

4.4.4.2　高空槽和切变线

高空槽是大型不稳定区,槽前后风矢量改变大,风切变大,因此在高空槽和切变线附近,由于气流呈气旋式变化,并常常有冷暖温度平流,使大气层结不稳定,再加上气流有辐合、辐散,因此乱流易于发展。在直升机穿越槽线和切变线时,常会出现明显的颠簸。

4.4.5　颠簸对飞行安全的影响及处置措施

4.4.5.1　颠簸对飞行安全的影响

颠簸对飞行的影响可以分为 3 个方面:

(1)颠簸使飞行状态和直升机动力性能发生不规则的变化,从而失去稳定性,使某些仪表误差加大,甚至失常,都可使操纵发生困难,难以保持正确的飞行状态。

(2)强颠簸可以使直升机部件受到损害,酿成事故;由于阻力加大,燃料消耗增加,航程和续航时间都会减少。

(3)严重颠簸时,直升机可在几秒钟内突然下降(或上升)数十米到数百米,造成飞行人员的紧张和疲劳,甚至危及安全。

4.4.5.2　应对颠簸的处置措施

1)操纵动作要柔和

因为扰动气流很不规则,如果再加上粗猛的动作很可能产生不良的后果。例如,当直升机遇到上升气流而自行上升时,若飞行员急于恢复原来高度而猛推机头,就可能因遇上接踵而来的下降气流,使颠簸的幅度加大。在颠簸区飞行,必须动作柔和。如果颠簸不强,飞行状态变动不大,不必时时刻刻去修正;如果颠簸较强,飞行状态变动较大,则可适当地加以修正,使直升机恢复状态。

2)采用适当的飞行速度

采用适当的飞行速度,在颠簸区飞行,为了避免产生过大的载荷因数,通常宜采用较小的飞行速度。但速度不能过小,为了要维持一定的高度,在速度减小的同时必须增大迎角,但迎角又不能增加过大,否则遇到强烈的上升气流时,又容易造成失速。因此,飞行速度严格按该型飞机驾驶手册中所规定的掌握,是比较安全的。

3) 飞行速度和高度选定之后不必严格保持

仪表指示摆动,往往是颠簸的结果,不一定表示飞行速度和高度的真实变化,过多地干涉这些变化,只会引起载荷发生更大变化,只有速度变化很大时,才需做相应的修正。

4) 适当改变高度和航线,脱离颠簸区

飞行中出现颠簸时,颠簸层厚度一般不超过 1000m,强颠簸层厚度只有几百米,如改变数百米高度或暂时偏离航线数十千米,在一般情况下是可以脱离颠簸区的。但采取改变高度的方法脱离颠簸区时,在低空要注意安全高度,在高空则要注意飞机的升限。

第5章 飞行安全气象保障

为了适应直升机飞行活动多样化和飞行领域范围扩大的需要,在发展天气预报技术和提高预报准确率的基础上,不断改进飞行安全气象保障技术和观探测设备。数值天气预报成为预报业务的主要方法之一,大大提高了预报准确率;天气雷达和激光雷达的应用,为危险天气探测预报提供了有效手段。

5.1 雷达在飞行气象保障中的应用

影响飞行安全的雷暴、下击暴流等危险性天气,发生突然、周期短、范围小,使飞行员无法及时处置和规避,气象雷达可以及时获取并实时提供气象信息,是保证飞行安全不可缺少的一种探测手段。

5.1.1 气象雷达在降水探测中的应用

5.1.1.1 气象雷达概述

用于进行气象探测的雷达称为气象雷达。根据其用途的不同可以分为4类。

1) 天气雷达

天气雷达又称测雨雷达,主要用于探测降水的发生、发展和移动,并以此来跟踪降水系统。天气雷达的工作波长为3~5cm,它能探测200~400km 范围内的降水和积雨云等目标,测定其垂直和水平分布、强度、移动方向、速度和发展演变趋势,发现和跟踪天气图上不易反映出来的中小尺度系统。因此,天气雷达是临近和短期天气预报和航空气象保障工作的一种有力工具。

2) 测云雷达

测云雷达主要是用以探测未形成降水的云层高度、厚度以及云中物理特性的气象雷达。测云雷达和测雨雷达工作原理相似,它是利用云滴对电磁波的散射作用,来测定云底、云顶高度和云的层次。由于云滴直径很小,所以测云雷达选用比较短的波长,但云滴和雨滴之间并没有一个明显的界限。据探测实践,测雨雷达也能够测到一些云滴较大、浓度较高的云。

3)多普勒气象雷达

多普勒气象雷达是利用多普勒效应来测量云和降水粒子相对于雷达的径向运动速度的气象雷达。它除具有一般天气雷达的功能外,还可以测出各高度上的风向、风速、垂直气流速度、湍流和强的风切变、云雨滴谱等,特别是在监测雷暴、冰雹、下击暴流、龙卷等航空危险天气方面十分有效。

4)机载气象雷达

机载气象雷达是供飞行人员在飞行中探测航线上的积雨云、雷暴等危险天气的雷达。它能有效探测的仅仅是那些含有大小水滴的"湿性"气象目标。屏幕采用彩色平面位置显示,如直升机机载 JYL-6C 气象雷达,以红、黄、绿、黑显示气象目标图像。

5.1.1.2　气象雷达探测

雷达发射的电磁波,在传播过程中遇到目标物以后对电磁波产生反射、散射,通过雷达屏幕显示的雷达接收机能接收到的那部分反射、散射能量。天气雷达探测时,只要接收到的回波信号功率大于雷达接收机的最小可测功率,则雷达都会在天线指向方向的相应距离处显示出回波。通常可将回波分为非降水回波和降水回波两大类。

1)非降水回波

非降水回波(non-precipitation echoes)是指不是由水体产生的雷达回波。通常将非气象回波分为地物回波、海浪回波、同波长干扰回波、超折射回波、昆虫和鸟兽的回波等。

(1)地物回波。高大建筑物、山脉、铁塔对电磁波都有反射作用,在雷达上显示出回波。由于这些回波和地形、地物显得比较一致,回波边缘特别的清晰,而且固定不变,观测中容易和其他回波区分开。

(2)海浪回波。由海浪、涌浪和海洋近岸波对雷达电磁波的反射和散射引起的。有许多分散的针状和扇形回波组成,回波强度较弱,强度分布较均匀。

(3)同波长干扰回波。相邻地区内两部波长相同的雷达同时工作,一部雷达接收到另一部雷达发射的磁波所形成的干扰图像。图像与两部雷达的相对位置、距离和发射波时序有关,但都具有螺旋形状。

（4）超折射回波。雷达波发生超折射传播时地物回波会比正常情况增多，称为超折射回波。超折射回波主要特征是地物回波异常增多，呈米粒状、辐辏状。其距离和范围与超折射层的高度和厚度有关，并伴随它们的变化出现"移动"和"变化"的现象，通过这些变化可以反推大气状况变化。

（5）昆虫和鸟兽的回波。昆虫和飞鸟成为散射体造成的回波。通常呈离散点状，对天气探测没什么影响。而且由于昆虫群一般随风飘移，他们的多普勒速度正好是所在处径向风向风速的反映。

2）降水回波

降水类回波（precipitation echoes）是指形成气象回波的直接因素是大气中的云、降水中的各种水汽凝结物，对电磁波的向后散射和大气中的温、压、湿等气象要素剧烈变化而引起的。通常将气象回波分为层状云降水回波、对流云降水回波、混合型云降水回波、雹云降水回波等。

（1）层（波）状云降水回波。在 PPI 上，层（波）状云降水回波的范围较大，显绿色，呈比较均匀的片状，边缘发毛，破碎模糊。若在大范围的弱降水中含有强雨中心，则形成片絮状回波，如图 5.1 所示。

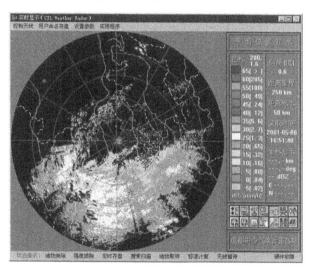

图 5.1　层（波）状云降水回波的平面显示（PPI 上）

在 RHI 上，层（波）状云降水回波高度不高，顶高一般约 5~6km，随地区和季节有所不同。回波顶比较平坦，没有明显的对流单体凸起，如图 5.2 所示。

当对层状云连续性降水进行垂直扫描探测时，在 RHI 上会出现零度层亮带，如图 5.3 所示。

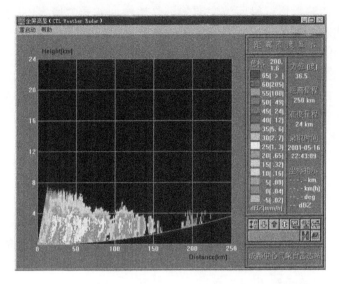

图 5.2　层(波)状云降水回波的高度显示(RHI 上)

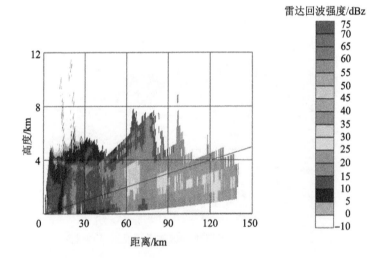

图 5.3　零度层亮带(RHI 上)

（2）对流云降水回波。

在 PPI 上，对流云降水回波呈块状、尺度较小，从几千米到几十千米，内部结构密实，边缘清晰，如图 5.4 所示。

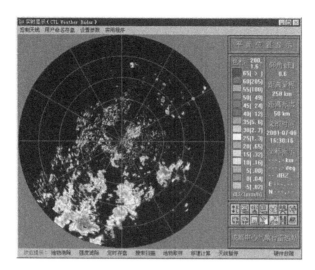

图 5.4　对流云降水回波的平面显示(PPI 上)

在 RHI 上,对流云降水回波呈柱状,底部及地,顶部较高,在彩色图上,中心是黄色和红色。一些强烈发展的单体,回波顶常呈现为砧状或花菜状。还有一些强烈发展的对流云在发展成熟阶段但降水还未落到地面前,常呈纺锤状,如图 5.5 所示。

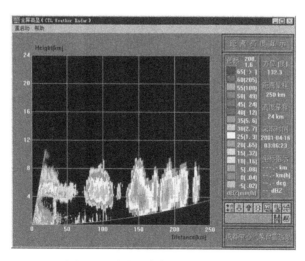

图 5.5　对流云降水回波(RHI 上)

(3)混合型云降水回波——絮状回波。混合型云降水的回波常表现为层状云降水回波和积状云降水回波的混合。它往往与高空低槽、低涡、切变线和地面静止锋等天气形势相联系,回波外形像棉絮状。在 PPI 上,它的回波表现为范围较大,回波边缘呈现支离破碎,没有明显的边界,回波中夹有一个结实的团块,如图 5.6 所示。

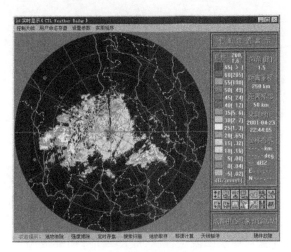

图 5.6 絮状回波的平面显示(PPI 上)

(4) 雹云降水回波。由于雹云的云体庞大高耸,云内含水量较大,因此在雷达 PPI 上表现为强度很大,边缘格外分明的块状回波,如图 5.7 所示。

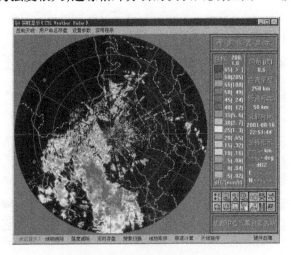

图 5.7 雹云降水回波的平面显示(PPI 上)

在 RHI 上,通常雹云降水回波柱粗大、高耸、陡直、顶部呈花椰菜状或砧状。在雹云内部上升气流的部位,呈现弱回波穹窿,如图 5.8 所示。

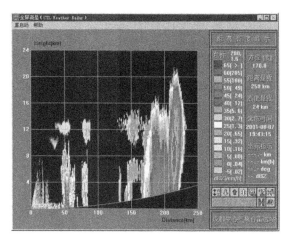

图 5.8　雹云降水回波的高度显示(RHI 上)

　　雹云降水回波的特殊形状,在 PPI 上,雹云降水回波远离雷达的一侧(或上升气流流入一侧),有时出现呈"U"形的无回波缺口;强对流回波的一侧,有时伸出强度较大、边缘轮廓分明,但尺度较小的指状回波或钩状回波,它通常位于云体回波移动方向的右侧或右后侧,如图 5.9 所示。

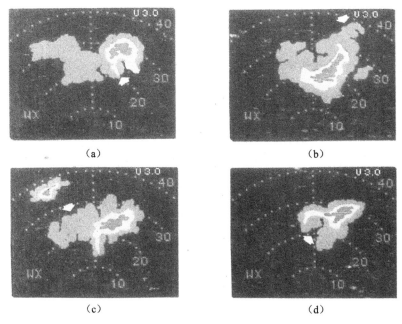

图 5.9　雹云降水回波的特殊形状(PPI 上)
(a)指状回波;(b)钩状回波;(c)扇形回波;(d)"U"形回波。

119

5.1.2 激光雷达在危险气流场探测中的应用

据我国 1951—1985 年 245 起严重事故的统计,在各种气象因素造成的飞行事故中,低空风切变、下沉气流、大气湍流造成的飞行事故约占 80%。美国数据统计表明,1993 年共有 180 起飞行事故与危险气流有关,其中 38 起飞行事故造成人员死亡或严重受伤,25 架飞机毁坏,138 架飞机实质性损坏。应对低空风切变、强湍流等危险气流最好的方法就是有效预警,提前规避。目前,国内外研究众多并开始投入使用的主要是激光雷达。

5.1.2.1 空中激光测风雷达发展现状

世界第一台脉冲 CO_2 测风激光雷达系统由美国国家航空航天局(NASA)资助美国雷神公司研制,为商用航线提供晴空湍流的探测,1970 年开始地面测试,1972 年和 1973 年安装在 NASA Convair 990 飞机上做飞行测试。1992 年到 1995 年,由 NASA/马歇尔太空飞行中心、美国国家海洋和大气管理局(NOAA)环境技术实验室(ETL)、喷气推进实验室(JPL)联合研制了当时最先进的多中心机载相干大气风场传感器,探测边界层风场和气溶胶的分布情况。

成熟的 CO_2 激光技术提高了相干激光雷达的探测能力,在 20 世纪 70 年代到 90 年代初期,无论是地基还是机载系统,都得到了广泛的应用。但由于 CO_2 激光器的体积过于庞大笨重,需要高压供电和耗电量过大,使用寿命短,工作波长非人眼安全等因素的存在,限制了脉冲 CO_2 相干激光雷达的发展。

基于 Nd:YAG 激光器的 $1.06\mu m$ 相干测风激光雷达成功实现了大气风场的测量,为测风激光雷达往舰载、机载和星载方向发展提供了重要途径。但是与 CO_2 相干测风激光雷达相比,短波长的系统对光学质量和光路的对准要求更高,受到大气折射率湍流的影响更敏感。同时,$1.06\mu m$ 波长对人眼安全也是一个顾虑。

1994 年开始,美国 CTI 公司(Crystal Technology & Industries,Inc.)开始测试用于探测风切变和飞机尾流的 $2\mu m$ 激光雷达系统 CLASS-2。1994 年夏季,CLASS-2 安装在波音 737 实验飞机上,由美国弗吉尼亚州汉普顿兰利研究中心组织实施了一次飞行试验。在飞行前方 1km 处,激光雷达测量出的风速与飞机上仪器测量出的风速做了对比,15min 的测量过程,两者的测量数据可以很好地吻合。

为了探测晴空湍流,减少湍流对飞机飞行的危害,提高飞行安全,日本宇宙航空研究开发机构(JAXA)联合三菱公司开展了机载相干测风激光雷达研究。2001 年开发 1n mile 测风激光雷达,2002 年开始了机载测试,风速测量精度小于

0.7m/s。2006 年研制了 3n mile 测风激光雷达,并在 JAXA 的 Beechcraft model 65 型研究飞机上做飞行测试。2009 年对 5n mile 测风激光雷达在 JAXA 的 Domier228 型研究飞机上做飞行测试。2011 年,美国国家大气研究中心的 Spuler 报道了机载的基于连续激光的相干测风激光雷达。系统放置在飞机客舱,通过光纤把客舱和机翼吊舱连接,机翼吊舱装有光纤环形器和透镜,把光束聚集到前方 30m。我国相干测风激光雷达研究起步较晚,在研制地基相干测风激光雷达系统方面取得了一定的成果,舰载处于试验定型阶段,机载相干测风激光雷达系统仍处于理论研究阶段。

5.1.2.2　空中激光雷达探测原理

空中测风雷达功能主要分为探测扫描、探测信息处理分系统、探测信息显示和预警 3 部分。探测扫描部分和探测信息处理部分实现信号处理功能,完成数据采集、信号处理和数据反演,最终将径向风速信息通过无线传输方式,发送到探测信息显示和预警部分。探测信息显示和预警部分实现数据处理和显示功能,进行风场反演计算和危险天气信息提取计算,生成探测产品和预警产品,并向飞行员发布空中风场分布和危险气流场预警信息。探测信息流程如图 5.10 所示。

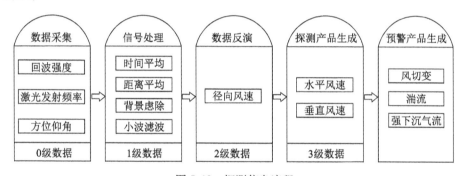

图 5.10　探测信息流程

5.1.2.3　激光雷达探测扫描反演算法

针对空中激光测风雷达的机载特性,利用激光雷达回波信号和机载辅助数据反演三维风场,流程如图 5.11 所示。通过检测激光频域回波功率谱的谱峰,提取风场和直升机运动综合影响下产生的多普勒频移,得到两者综合影响下的径向速度。同时,通过飞行姿态和扫描方位计算得到某一时刻扫描视线在地面坐标系中实际的方向,结合直升机在地面坐标系中的速度算出直升机速度投影到径向的速度。最后通过求差得到的风速投影到径向的速度,反演三维风场。

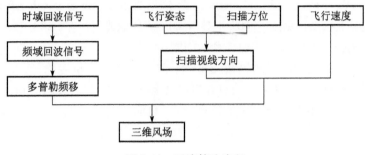

图 5.11　反演算法流程

5.1.2.4　激光雷达探测预警

1）风切变预警

风切变虽尺度小、具有突发性特征、持续时间短,但其本质还是表现为一定距离内风矢量(风向、风速)在空中水平和(或)垂直距离上的变化。径向速度作为大气真实风场在径向上的投影分量,其速度沿径向上的变化和速度沿切向上的变化即可反映大气流场中的这种不均匀性。

在雷达可探测距离内,选取 $M×N$ 大小的"拟合窗口",基于最小二乘拟合法,对窗口内径向基数据分别作沿径向和切向的线性拟合,求得径向切变和切向切变从而得到二维合成切变,算法流程图如图 5.12 所示。

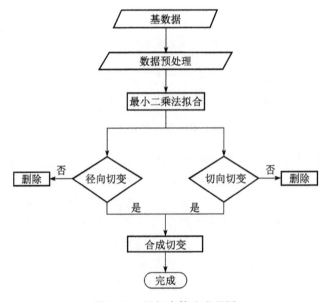

图 5.12　风切变算法流程图

2）湍流预警

与微波雷达使用大气湍流作为散射介质不同，激光雷达的散射介质为气溶胶和分子等大气粒子，当它们在存在大气湍流的情况下呈漩涡状或无规则的轨迹运动时，激光雷达探测光信号照射它们产生的回波信号频率将发生明显改变。激光雷达获取的信噪比与大气湍流的折射率结构常数的关系可以用下式表示：

$$\mathrm{SNR}(R) = \frac{E\eta\beta(R)\pi D^2}{8hBR^2} \times \left[1 + \left(1 - \frac{R}{F} \right)^2 \frac{\pi D^2}{4\lambda R} + \left(\frac{D}{2S_B(R)} \right)^2 \right]^{-1} \quad (5.1)$$

式中：E 为发射脉冲的能量；η 为激光雷达的光电效率；$\beta(R)$ 为距离激光雷达距离 R 位置处的气溶胶后向散射系数；D 为光束能量半径；h 为普朗克常量；F 为焦距；$S_B(R)$ 为距离激光雷达 R 距离的横向相干长度（代表横向大气湍流场），其表达式如下：

$$S_B(R) = \left[Hk^2 \int_0^R C_n^2(R^\eta) \left(1 - \frac{R^\eta}{R} \right)^{\frac{5}{3}} \mathrm{d}R^2 \right]^{\frac{3}{5}} \quad (5.2)$$

式中：$C_n^2(R^\eta)$ 为距离 R 位置处的大气湍流折射率结构常数；$H = 2.91$；$k = 2$。

因此计算出各位置的信噪比，即可以根据上式计算出大气湍流。

5.2　卫星云图在气象保障中的应用

气象卫星可以提供包括海洋、高原、沙漠、极地等全球范围的气象资料，可连续监视大范围的天气变化。气象卫星可以捕捉一些在常规天气图上分析不出来的生消较快的中小尺度天气系统，因此学会识别和分析卫星云图对直升机飞行人员了解和判断天气情况有重要的意义。

5.2.1　卫星云图概述

5.2.1.1　气象卫星概述

气象卫星按绕地球运行轨道可分为极轨气象卫星和地球同步气象卫星两类。

1）极轨气象卫星

这类卫星的轨迹平面与太阳始终保持固定的取向。由于其轨道的倾角（轨道平面与赤道平面的夹角）接近 90°，卫星近乎通过极地，所以也称为近极地太阳同步卫星。它几乎以同一地方时通过世界各地上空，其轨道平面每天自西向东旋转 1°（相当于太阳）。极轨卫星还可以观测全球，尤其是极地区域，但由于时间分辨率低,一颗极轨卫星每天只能对同一地区观测两次,不能满足气象观测的要求,不能监视生命短、变化快的中小尺度天气系统。

2) 地球同步气象卫星

如果卫星位于赤道上空,轨道平面与赤道平面重合,运行周期和地球自转周期相同,我们把这类卫星称作地球同步卫星。在地面上看,这种轨道上的卫星好像静止在天空某一地方,因此又可称为地球静止卫星。由于静止卫星的高度高,视野广阔,一颗卫星可以对南北纬70°以内、东西经140°范围内的地球表面进行观测。同时,静止卫星还可以对某一固定区域进行连续观测,每隔30min或者1h获取一张图片。在特殊需要时,可每隔3~5min对每个小区域进行一次观测。因此,静止卫星可以监视天气云系的连续变化,特别是生命短、变化快的中小尺度天气系统。

3) 全球气象卫星观测系统

从观测范围而言,静止卫星只能对中纬度固定地区进行连续观测,但不能观测南北极地区,但极轨卫星能实现全球观测。从观测时间上看,极轨卫星每天只能对中低纬度地区进行两次观测,而静止卫星可以进行全天时观测。为了实现全天时、全天候对全球进行连续观测,将多颗静止卫星与几颗极轨卫星组合在一起,取长补短,形成一个全球气象卫星观测体系。在赤道上放置5颗静止卫星,其位置为0°、70°E、140°E、140°W、75°W;近极地太阳同步轨道卫星两个,一个在上午通过,另一个在下午通过,这样可以每间隔半小时获得一次全球性资料。为了有效地覆盖地球,各卫星的观测区彼此有较多的重叠。

5.2.1.2 卫星云图概述

常用的卫星云图有3种。气象卫星通过携带的电视照相仪和扫描辐射仪分别在可见光波段和红外波段感应地球和大气的光辐射,获得两种云图,即可见光云图和红外云图;卫星选用水汽吸收谱段接收大气中水汽发射的辐射,可得到水汽图。本文仅介绍可见光云图和红外云图。

1) 可见光云图(VIS)

利用可见光波段测量地面和云面反射的太阳辐射,并转换得到的图像称为可见光云图。其中,卫星接收到的反射太阳辐射决定于太阳辐射强度和目标物的反照率。而太阳辐射强度与太阳高度角有关。所以,在可见光云图上,物体的色调取决于太阳高度角和其本身的反照率。

(1) 反照率对物像色调的影响。当太阳高度角一定时,物像的色调仅与物体的反照率有关。由于不同性质的下垫面、不同类型的云面对太阳辐射有不同的反照率,相应的在云图上呈现出不同程度的黑白调:反照率越大,色调越白;反照率越小,色调越黑。由于云与地面的反照率差异较大,所以在可见光云图上很容易将云和地表分开。

（2）太阳高度角对物像色调的影响。所谓太阳高度角,是指太阳与地球的连线于地平面的夹角,其大小随时间和季节发生变化:同一地点,一天中随着太阳升高,太阳高度角增大;正午太阳高度角达到最大,随后减小。在北半球,一年中冬至日的太阳高度角最小,随后逐渐增大;到夏至日达到最大值,随后减小。而太阳高度角的大小决定着观测时的照明条件:太阳高度角越大,光照条件越好,反射的太阳辐射强度越大,反之越小。可见,同一地点一天中正午的可见光云图较早晨或傍晚的明亮;在同一张云图上也会出现一侧亮、一侧暗的现象,据此可以判断云图的观测时刻。另外,在北半球中纬度地区夏季的可见光云图较冬季的明亮。

2）红外云图（IR）

利用红外波段测量地面和云层的红外辐射,并转换得到的图像称为红外云图。由于卫星接收的辐射与温度有关:物体温度越高,辐射越大;温度越低,辐射越小,因而红外云图上的色调可以反映物体的温度分布。一般,辐射大的用黑色表示。辐射小的用白色表示。这样,色调越黑表示目标物的温度越高;色调越白,表示目标物的温度越低。因此,根据红外云图上的色调的差异可以判别云系分布、云顶高度和温度等。

由于大气和地表的温度随季节和纬度而变化,所以红外云图的色调表现为以下几种特征。

（1）地面、云面的色调随纬度和季节变化。由于地面及云面的温度自低纬度向高纬度减小,在红外云图上,从赤道到极地,色调越来越白。但是高纬度地区地面与云之间、云与云之间的温差较小（这种情况冬季比较明显,而且尤其在夜间）,所以很难区别云与冷地表以及云的类型。

（2）水陆色调的变化。在中高纬度地区,冬季海面的温度高于陆面的温度,海面的色调比路面暗;夏季情况相反,陆面的温度高于海面的温度,陆面的色调比海面的暗。如果水陆温差较小,水路色调相近,这样就难以辨别水陆界线。白天,干燥地表的温度日变化较大,色调变化也较大;在潮湿或者有被植被覆盖的地区,温度的日变化小于干燥地区的,故色调变化较小。

（3）可见光云图和红外云图比较

可见光云图和红外云图原理是不同的。比较一下,有些云和地表特征在两种云图上是相似的,有些则差异较大,为便于比较列出表 5.1。

表 5.1　可见光云图与红外云图的比较

红外云图	可见光云图				
	黑	深灰	灰	浅灰	白
白	宇宙空间	—	消失中的卷云砧	—	密卷云多层卷层云卷云砧，冰雪地
浅灰	—	—	高层云（薄）	纤维状卷云	高层云（厚）淡积云
灰	高山森林	西藏高原	纤维状卷云	晴天积云、卷层云（薄）	厚云（厚）雾（厚）
深灰	冷海洋	—	晴天积云沙漠（夜间）	层积云	—
黑	暖海洋	—	沙漠（白天）	—	—

卫星云图上标有卫星名称、拍摄时间（世界时）、卫星所处的经纬度、国境线以及云图种类。可见光云图用"VIS"表示，红外云图用"IR"表示。两种云图配合起来用比单独用一种更好些。一般来说，白天可以同时得到红外云图和可见光云图，而夜间只能得到红外云图。

5.2.2　卫星云图的应用

卫星云图比较形象直观，对监测和预报灾害性天气和飞行危险天气有重要作用。

5.2.2.1　了解大范围云的情况

通过对云图图形的结构形式、范围大小、边界形状、色调、暗影和纹理的分析，不仅可以知道何处有云，何处无云，还可判断云状、云的层次以及通过云顶温度推算出云顶高度。对海上、高原、沙漠等缺少气象资料的地区，卫星云图提供云的情况具有特别重要意义。从云图的色调和形状上看，主要由冰晶组成的高云透明度好，反照率小，在可见光云图上色调一般为浅灰色到白色，而在红外云图上一般为白色；中云在卫星云图上常成大片分布，在红外云图上高层云一般为浅灰色，云区边界不清楚，在可见光云图上则为白色，和厚的卷层云亮度接近，较难区别；积云在可见光和红外云图上外貌相似，常组成云线、云带或细胞状结构，云区边界清楚，多纹理但不整齐；积雨云在两种云图上色调都很白，发展成熟的积雨云其上风方向的边界清楚，并呈圆弧状，而在下风的边界则模糊不清。大范围云的结构和分布往往和各种天气系统相联系，因此，卫星云图对监测、追踪天气系统的生成发展和预报天气有重要作用。

5.2.2.2 监测灾害性天气

热带风暴、寒潮、暴雨、雷暴、冰雹等是我国主要灾害性天气,也会危及飞行安全。它们在卫星云图上反映明显。例如,热带风暴的生成发展、位置、结构、范围、强度和移动路径都可利用卫星云图连续进行跟踪监测,为预报提供有效的依据。能产生雷暴、冰雹、暴雨的对流云,云顶都很高,在云图上为很亮的白色云团(块),在上风方向的边界呈圆弧状,或为头粗尾尖的胡萝卜状,在可见光云图上,云体背光一侧常有阴影。用短时间间隔的卫星云图,可清楚地看出这类中小尺度强对流天气系统的发生、发展演变过程。

5.2.2.3 预测航空天气

利用卫星云图来预测航空天气,为实施气象保障创造了非常有利的条件。在云图上不同天气系统的云型是不同的。锋面云系常呈气旋型弯曲分布,气旋、热带风暴云系呈涡旋状,中纬度洋面上高空槽的云系呈逗点状,强寒潮南下时其前部常有一条长达几千千米以上的冷锋云系,当它到达洋面时,在冷锋的后部会出现大片积云组成的细胞状云系等。根据这些云型特征,以及它们与天气系统和天气的关系,再结合天气图资料,就可以分析天气系统和天气的发展变化。

与飞行关系密切的天气在云图上也可以很好地反映,如浮尘在可见光云图上为一片色调均匀的灰白色区,色调越白,浮尘越厚,能见度越差。在卫星云图上的浮尘区,再结合高空风资料,即可预测未来浮尘出现的地区。影响能见度的层云和雾,在卫星云图上的特征是边界清楚,表面纹理光滑,往往与山脊、海岸、河谷等走向一致。在可见光云图上它色调均匀,看不到起伏的纹理和暗影,在红外云图上因其顶部高度低、色调灰暗,消散时,它从四周向中心逐渐收缩,亮度最大即雾最浓厚的区域最后消散。

5.3 数值建模在飞行环境影响研究中的应用

大气环境是综合自然环境(synthetic nature environment,SNE)的重要组成部分。在现有科技水平条件下,人类的社会活动、经济活动和军事活动主要发生在大气环境内。随着仿真技术的发展,各种复杂仿真系统对大气环境的需求日益迫切,大气环境建模与仿真已不再是单纯视景层次上的仿真,如何将可靠的大气环境纳入到复杂的仿真系统中去,是大气环境建模与仿真的核心内容。

相对空间、海洋和地形环境而言,大气环境具有多分辨率、多天气现象、多要素和时变等特点。同时,大气环境内部模型的复杂性决定了大气环境建模过程具有很强的针对性和专业性。因此,在建模与仿真领域,如何界定大气环境的概念和内容,如何设计大气环境数据模型,如何选取、开发大气环境内部模型,如何表示大气环境数据是大气环境建模与仿真首要解决的公共基础技术。

5.3.1　大气环境概念参考模型

大气环境概念参考模型是阐明大气环境建模与仿真概念、内容和原理的高层视图和参考框架,也是解决大气环境建模与仿真工程实践的必然需求。图5.13 所示为基于 SNE 概念参考模型设计的大气环境概念参考模型。从图5.13 可以看到,大气环境可以分为大气环境模型和大气环境与其他仿真系统的交互作用模型两部分。大气环境模型由大气环境状态模型和大气环境内部模型组成。其中,大气环境状态模型是用来描述一定时间和空间范围内大气环境状态属性的模型,它使用环境数据模型(environmental data model,EDM)定义仿真应用的各种大气环境对象(要素);大气环境内部模型则指的是大气环境状态(要素)在时间和空间上变化的物理模型,它反映了大气环境的内部变化规律。在图5.13 中,从左至右的带箭头实线,代表了大气环境模型通过大气效应模型对其他仿真系统影响的数据流;从右至左的带箭头虚线,代表了其他仿真系统通过影响大气环境的模型对大气环境产生影响的数据流。在这样设计的大气环境概念参考模型中,大气环境与其他仿真系统模型实现了分离,明确界定了大气环境建模与仿真的内容;大气环境模型与交互作用模型实现了分离,有利于复杂仿真问题的分割简化;大气环境内部模型与大气环境数据实现了分离,有利于解决大气环境数据的表示和交换问题,构建仿真运行的大气环境数据。

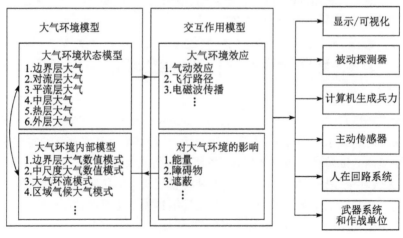

图 5.13　大气环境概念参考模型

1）大气环境数据模型

在 SNE 中，EDM 由特征和分别属于不同特征的各种属性构成。它是一个逻辑模型，不指定运行时的数据结构，也不指定环境的物理模型，而是指定驱动这些模型的参数及这些模型产生的元素。EDM 定义的大气环境属性特征（AT-MOSPHERE_PROPERTY_SET）由风（WIND）特征、云（CLOUD_LAYER）特征、空气属性（AIR PARAM）特征、电磁属性（ELECTROMAGNETIC_DUCT）特征以及能见度（HAZE）特征构成。这样定义的大气环境数据模型具有较好的通用性，能满足一般对大气环境精度、时效要求不高层次上的仿真需求。但在诸如飞行运动仿真、战场推演等对大气环境有较高需求的仿真任务中，就需结合仿真任务设计更为专业的大气环境数据模型。

2）大气环境内部模型

大气环境内部模型主要包括理想模型、统计特征模型以及按照流体力学和大气运动规律设计的大气数值模型（模式）。其中，理想模型只能表征大气结构的简单近似规律；统计特征模型具有较好的真实性，但因受观探测资料的严重制约，只适合于对大气环境要素精度要求不高的局地环境建模；大气数值模型（模式）具有较强的通用性和灵活性，从理论上适合于整个大气环境的建模。尤其是近年来随着数值预报（模拟）技术的日益提高，该模型（模式）已广泛用于无缝隙战场大气环境的建模。

需要指出的是，因受大气科学发展水平的制约，目前还不能找出一个能满足各类仿真需求的通用大气数值模式，即使是同一模式应用于不同地区还有一个适应性问题。因此，在实际应用中，应结合大气环境数据模型，在充分考虑建模区大气环境特点的基础上，选取并开发大气环境数值模式。如前面所说的低空飞行大气环境，在大气科学中实际指边界层与对流层低层的大气环境。该环境中，大气具有很强的湍流运动特征，与地面有很强的热量和水汽通量交换。所以，在对这一部分大气环境建模时，应考虑选取对边界层和地面物理过程有较好描述能力的边界层或区域大气数值模式。

3）大气环境表示与交换

大气环境的信息格式对所有用户而言应是透明的，不依赖于任何平台。SEDRIS STF（SEDRIS Transmittal Format）支持大气环境数据描述，对使用公共大气环境数据（如美国国家环境预报中心发布的 NCEP 再分析资料）的用户而言，可以使用 SEDRIS API 将 GRIB 或 NETCDF 码的大气环境数据转化为 SEDRIS STF 格式。对于利用大气数值模式开发大气环境数据者而言，可以自己开发应用接口，将模式输出数据转化为 SEDRIS STF 格式。

在实际仿真应用中，由于 SEDRIS STF 不支持动态大气环境数据的描述，同时 SEDRIS STF 内约定的大气环境要素量远远大于大气环境数据模型中定义的环境对象,这直接导致了计算、存储资源的加大,也不利于交互作用模型应用程序的开发。图 5.14 所示为一个基于"动态数据柱"概念的大气环境数据格式。在该格式中,对于某一时刻的空间某一水平格点,大气环境要素在垂直方向上分层存储于数据柱中。这种格式有利于动态时刻空间中大气环境数据的查询和读取,可以比较方便地应用于飞行器的运动仿真,也有利于大气环境数据库的设计和开发。

时刻1	
经度1、纬度1、高度1、东西风速、南北风速、垂直速度、气压、温度	
经度1、纬度1、高度2、东西风速、南北风速、垂直速度、气压、温度	
经度1、纬度1、…、东西风速、南北风速、垂直速度、气压、温度	
经度1、纬度1、高度n、东西风速、南北风速、垂直速度、气压、温度	
经度2、纬度2、高度1、东西风速、南北风速、垂直速度、气压、温度	
经度2、纬度2、…、东西风速、南北风速、垂直速度、气压、温度	
经度2、纬度2、高度n、东西风速、南北风速、垂直速度、气压、温度	
⋮	
经度n、纬度n、高度n、东西风速、南北风速、垂直速度、气压、温度	
时刻2	⋮
时刻n	⋮

图 5.14　基于"动态数据柱"概念的大气环境数据格式

5.3.2　低空飞行大气环境数据模型设计

在建模与仿真领域,大气环境可以理解为由四维时空(空间三维、时间一维)格点上的大气环境要素(温、湿、压、风等)构成的一个聚合类。大气环境要素具有明显的场的结构特征,而大气环境的应用则具有明显的对象特征。因此在构建大气环境数据模型时要同时兼顾对象和场的特征。图 5.15 所示为一个面向直升机飞行仿真应用的大气环境数据模型,从中可以看到,飞行大气环境作为大气环境的一个对象,由各类飞行器的飞行大气环境构成。面向不同的飞行器,构建更有针对性的大气环境主要是由不同飞行器的气动性能、作战和训练要求决定的。图 5.15 中将直升机飞行大气环境分为历史天气大气环境、典型天气大气环境和未来天气大气环境 3 类。其中,典型天气大气环境主要由对直升机飞行有重要影响的各类灾害性天气过程,如台风天气、暴雨天气、大风天气、寒潮天气等构成,其目的主要是开展该型低空飞行器对各种典型天气大气环境的适应性试验;历史天气大气环境主要是用来完成事故分析及大样本的稳定性试验;未来天气大气环境主要是用来进行任务规划。在数据模型的最底层是直升机飞行仿真所需的几个大气环境要素。

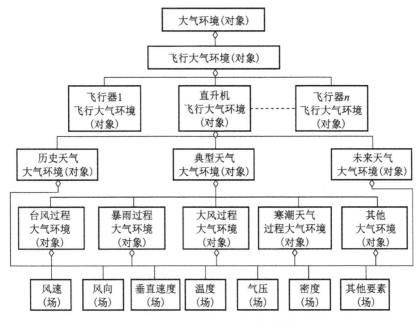

图 5.15　低空飞行大气环境数据模型

　　这样设计的大气环境数据模型可以基本满足直升机飞行仿真的各类应用,具有较强的可拓展性,同时也有利于大气环境的开发者有针对性地选取并开发大气环境内部模型,完成大气环境建模。

5.3.3　低空飞行环境影响数值建模

　　在低空飞行大气环境数值建模过程中,首先,在普查历史天气资料的基础上,遴选出低空飞行大气环境数据模型中所定义的各类天气过程实例作为数值建模对象。如以图 5.16 所示台风大风类天气过程为例,出了 4 个典型台风过程的路径,从图中可以看到,这几个台风路径既包含了穿越台湾岛,在东南沿海登陆的过程,也包含了分别经过台湾岛南部、东部和北部的过程。这有利于充分考虑各类台风环境下东南沿海地区低空大气环境的特点,个例具有较强的代表性。其次,利用基于 RAMS6.0 开发的低空飞行大气环境内部模型对所选出的个例进行了数值模拟。在验证数值模拟结果合理性的基础上,提取出低空飞行大气环境数据模型中所定义的大气环境要素(场)。最后,将数值建模结果以"动态数据柱"格式存储并发布,形成了面向某型低空飞行器的低空大气环境数值模型,并成功应用于该型低空飞行器的大气环境影响试验。

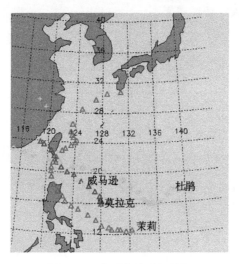

图 5.16　典型台风过程路径

参考文献

[1]黄仪方,朱志愚.航空气象学[M].成都:西南交通大学出版社,2002.

[2]章澄昌.飞行气象学[M].北京:气象出版社,2000.

[3]王大海,杨俊,余江.飞行原理[M].成都:西南交通大学出版社,2004.

[4]王迎新.航空安全与航空事故防范实用手册[M].北京:光明出版社,2002.

[5]马鹤年.气象服务学基础[M].北京:气象出版社,2008.

[6]吴兑.环境气象学与特种气象预报[M].北京:气象出版社,2001.

[7]王永忠.气温、气压对飞行安全的影响分析[J].南京气象学院学报,2001,24(2):291-294.

[8]张强,曹义华,潘星,等.积冰对飞机飞行性能的影响[J].北京航空航天大学学报,2006,32(6):654-657.

[9]赵维义,傅百先,丁文勇,等.低空风切变中直升机纵向运动特性分析[J].飞行力学,2002,20(1):25-28.

[10]汪东林,张彩先,蒋晓彦.沙尘环境对直升机的危害及防护对策探讨[J].装备环境工程,2006,3(2):68-72.